Leaves
Publishing

根
以讀者爲其根本

莖
用生活來做支撐

葉
引發思考或功用

果
獲取效益或趣味

抗老 維生素E

作者**AUTHOR**

吳文瑛●蘇婉萍●王登山

專業營養師親自執筆，
觀念最正確！

銀杏 ＧＩＮＫＧＯ

抗老維生素E

作　　者：吳文瑛
食譜設計：蘇婉萍
食譜示範：王登山
出 版 者：葉子出版股份有限公司
企劃主編：萬麗慧
文字編輯：謝杏芬
美術設計：張小珊工作室
封面插畫：陳美里
封面完稿：余敏如
內頁完稿：Sherry
印　　務：許鈞棋
登 記 證：局版北市業字第677號
地　　址：台北市新生南路三段88號7樓之3
電　　話：（02）2366-0309　傳真：（02）2366-0310
讀者服務信箱：service@ycrc.com.tw
網　　址：http://www.ycrc.com.tw
郵撥帳號：19735365　　　　戶名：葉忠賢
製　　版：台裕彩色印刷股份有限公司
印　　刷：大勵彩色印刷股份有限公司
法律顧問：煦日南風律師事務所
初版一刷：2005年9月　　　　新台幣：250元
Ｉ Ｓ Ｂ Ｎ：986-7609-74-3

國家圖書館出版品預行編目資料

抗老維生素E / 吳文瑛 著. -- 初版. --
臺北市：葉子, 2005[民94] 面；　公分. -- （銀杏）
ISBN 986-7609-74-3（平裝）
1. 維生素 2. 食譜 3. 營養

399.65　　　　　　　　　94010355

總 經 銷：揚智文化事業股份有限公司
地　　址：台北市新生南路三段88號5樓之6
電　　話：(02)2366-0309
傳　　真：(02)2366-0310

※本書如有缺頁、破損、裝訂錯誤，請寄回更換

foreword
推薦序

新光醫院創院至今的十多年來，一直以人本醫療做為服務的最高準則，近幾年更把觸角由院內病患延伸至各個社區，多年來從不間斷地在社區扮演一個健康促進的角色。將醫院的功能由「治病」的傳統印象擴大為「關懷」民眾身心的健康褓母。

在醫院中供應病患伙食的營養課，除了在平常為每一份伙食拿捏斤兩之外，也不時進入社區推廣營養知識，深化民眾對營養的認知。營養師們也曾著作過一些食譜書籍，如高鈣食譜、坐月子食譜、養生食譜等等，用深入淺出的方式傳遞營養知識。獲得許多的好評。藉由這些專業知識書籍的出版，也擴大了營養師的服務範圍。

此次，營養師再度編寫一系列維生素書籍，一樣秉持專業的角度，對每種維生素做更精闢的有系統的介紹。也從「飲食即養生」的觀念中提供各種維生素的食譜示範，讓健康與美味巧妙融合。

飲食與健康是密不可分的，健康的身體需建立在正確的飲食上。希望藉由本系列叢書的介紹，能讓讀者對維生素有更多一層的瞭解。推薦讀者細細研讀，或做為床頭書隨時翻閱。

新光醫院董事長　吳東進

推薦序 foreword

富裕的台灣社會，營養不良的情形已經由「不足」漸漸轉變成「不均衡」。國人對食物的可獲量雖然逐年增加，但對攝取均衡營養的觀念上卻沒有明顯的進步。

其實，維生素的缺乏症在古代並不多見，一直到工業革命之後，食品科技越來越發達，人們吃的食物也越來越精緻，維生素的缺乏症反倒發生了。舉例來說，糙米去掉了米糠成為胚芽米，維生素B群就少了一半，胚芽米再去掉胚芽層成為白米，維生素B群就完全不見了。儲存技術的進步讓大家在夏天也有橘子可以吃，但您吃的橘子，恐怕維生素C也可能所剩無幾了。

但隨著醫療科技的進步，在一個個維生素的真相被探索出來之後，這些維生素缺乏症也漸漸消失匿跡了。 而且，近年來養生觀念漸漸形成風尚，國內外在許多菁英投入養生食品研究，發現維生素除了原有的生理機能之外，更有其他重要的養生功效：有些可以當成抗氧化劑，有些可以保護心血管，有些可以降血壓，有些甚至有美白的功效。這些維生素的額外功能，也讓維生素的攝取再度受到重視。

本院營養課出版這一套「護眼維生素A」、「元氣維生素B」、「美顏維生素C」、「陽光維生素D」、「抗老維生素E」，不僅詳盡解說各種營養素的功用，更提供各種富含維生素食物的食譜示範，希望能讓讀者能夠不需花太多心血就做出簡單又健康的食物，輕鬆攝取足夠的各項維生素，掌握健康其實並不難。 希望本書能夠讓讀者更關心自己的健康，並將養生之道融入日常的生活之中。

新光醫院院長　洪啓仁

自序 preface

從小，遠住在美國的舅舅，雖然沒辦法常見面，但每年總會收到他寄來的一大箱維他命，各式各樣的都有。爸媽總會拿來餽贈親友，但多數沒送出去的，卻都因為忘了吃，而在家裡的櫃子裡放到過期，最後全都進了垃圾桶。

最早真正開始吃維他命，是在準備高中聯考的時候，爸爸要求我每天都要吃上一顆「克補」增強體力，當時也不清楚到底是為什麼？只是覺得和藥房老闆說的一樣，即使熬夜精神都會不錯，吃了也似乎好像有這麼一回事，後來也才知道，原來這是維他命B群的作用。

當營養師之後，常有人喜歡問我，「營養師要不要吃維他命？」初出茅廬剛成為營養師的時候，我總是斬釘截鐵的說：「不需要！」還會嘮叨的唸：「需要吃維他命的人就是挑食偏食的人，如果飲食均衡又多樣化當然不用補充。」順勢藉機教育一下。

我和絕大多數的人一樣，喜歡吃好吃的食物，一星期總有五天免不了外食，這樣推算起來，我有70%的日常生活中沒有機會吃到太多的維生素E豐富的食物；所以，現在的我也和許多人一樣，當飲食不正常的時候，為了健康也會吞下一粒維他命安安心。

一直覺得「健康需要有正確的觀念，才知道健康從哪裡找。」瞭解它之後才能善用它，絕不吃自己不瞭解不認識的東西。所以囉！看完這本書，希望讀者您也可以和我一樣，當自己的營養師。

新光醫院營養師　吳文瑛

introduction
前言

人體所需的營養素包括量較大的醣類、蛋白質與脂肪等三種巨量營養素,及量較少的維生素與礦物質等二種微量營養素。若以機器來比喻人體,醣類、蛋白質與脂肪就好像電力、汽油或燃料等動力來源;而維生素與礦物質所扮演的角色就如同潤滑油,缺少了它們,機器仍可運轉,只是運轉起來較不順暢,也容易出狀況。

維生素在化性上可以區分為脂溶性維生素(維生素A、D、E、K)與水溶性維生素(維生素B群、C)兩大類;脂溶性維生素不溶於水,因此不易溶於尿中被排出體外,在體內具有累積性,因此某些維生素具有毒性;而水溶性維生素則在體內不易累積,因此大致上不具毒性,但相反的卻容易缺乏。

在以前,維生素的缺乏症經常發生,那時的營養專家們會把維生素的研究專注在各種維生素對人體的作用;但近幾年來,除了維生素的基本生理功能之外,研究方向漸漸朝向維生素的附屬效能,例如維生素A、C、E除了抗夜盲、抗壞血病、抗不孕之外,其抗氧化作用更令人大為驚奇。而維生素B6、B12、葉酸等除了維持新陳代謝及造血的功能之外,其降低心血管疾病發生率更令人感興趣。維生素C的美白效果也造成業界的震撼⋯⋯這些種種非傳統的維生素功效近年來如雨後春筍般的被一提再提,但在每一種功效背後所存在的「需要量」的問題,卻較少有人注意,而這卻是維持功效中更重要的前提。

即使維生素的功效如此多元,但在飲食精緻化的潮流下,某些維生素攝取的不足也讓人憂

心。我國衛生署在民國九十一年時發表了「國人膳食營養素參考攝取量」（Dietary Reference Intakes, DRIs），裡面詳盡地說明了我國各年齡層國民營養素攝取的建議量。這些建議量可以說是健康人所應達到的「最低」要求。然而，若比對民國八十七年衛生署所發表的「1993-1996國民營養現況」，我們發現，衣食無虞的我們，竟然也有如維生素B1、B2、B6、葉酸及維生素E等攝取不足的情形，其中又以葉酸及維生素E兩者的缺乏甚為嚴重。

　　而另一項令人憂心的便是補充過多的問題，在門診的諮詢病患之中，不乏每日食用五種以上營養補充劑的病患，這些瓶瓶罐罐中，隱藏著有維生素攝取過多的風險，有些甚至於是建議攝取量的數百倍；目前除了少數維生素經證明無毒性之外，其他的都應仔細計算，否則毒性的危害並不亞於其缺乏症。

　　天然的食物中所含有的維生素其實相當豐富，以人類進化的觀點來說，如果人類需要某定量的維生素，那似乎意味著自然界的飲食應含有如此多的維生素量，但可惜的是加工過程中所喪失的常遠多於剩下的，像米糠中的維生素B群、冷藏過程中維生素C的流失等都是令人惋惜的例子。在工業不斷進步的現代化文明，我們期待有朝一日能有更進步的科技，達到兩全其美的目標。

新光醫院營養課襄理　　徐筱華

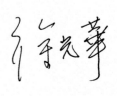

Reader Guide
本書使用方法

本書內容共分為三個主要的部分

● 第一部分
  認識維生素E

* 本章主要內容

* 本章主要內容敘述

* 本章重點健康知識

* 主要內容重點

* 一個標題一個觀念
  讀者可依此選擇自
  己有興趣的部分看

* 本段內容重點讀者
  可以依此選擇想要
  閱讀的重點

* 方便你快速找到
  自己想要的內容

* 一些與本書內容
  有關的專有名
  詞，你可以在
  〔健康小辭典〕
  中獲得更清楚的
  了解。

● 第二部分
  維生素E優質食譜介紹

* 本章主要內容

* 本章主要內容敘述

* 富含維生素E的食材

* 一百克食材的維生
素E含量，這部分
數字不同資料來源
或有些許出入，但
讀者應注意，重點
不在實際的數字，
而是要知道該食材
富含維生素E。

* 食材特性介紹

* 〔營養師小叮嚀〕
告訴你選購、烹
煮、保存及食用時
保留最高營養素的
小技巧。

芒果

Easy cooking 芒果食譜

* 方便你快速翻
閱，找到自己想
要的食譜示範

* 富含維生素E的食材

● 第三部分
市售維生素E補充品

* 本章主要內容
* 本章主要內容敘述
* 本章重點健康知識

Supplement
市售維生素 **E**
補充品

* 選購時常見的問題

* 問題的解答

選購市售維生素 / 補充品小常識

常見市售維生素 / 補充品介紹

■ 表示維生素單方
或複方

■ 表示其他營養素

■ 表示綜合維生素

* 補充品資料表：
提供該補充品相
關產品訊息

抗老維生素
E
VII

CONTENTS

第1部 **認識維生素E** *Knowledge*

第2部　維生素E優質食譜 *Easy cooking*

第3部　市售維生素E補充品 *Supplement*

Knowledge
認識維生素E

不必煉丹，不必入山找仙人，想要不老，保有青春，唾手可得的食物就可以辦到。

本單元將介紹維生素E的發現，它的傳統功能及新被發現的功能，怎麼吃它最健康，

那些食物含量最豐富，可以輕鬆攝取沒負擔。

■ 什麼是維生素 **E**？

■ 維生素 **E**的功能

■ 怎樣吃維生素 **E**最健康？

■ 維生素 **E**在哪裡？

維生素 E
Knowledge

什麼是維生素E？

維生素 *E* 的發現

維生素E的發現並不算早，它的發現也不如維生素C或是其他維生素傳奇。

在1922年營養學家以擁有足夠蛋白質、脂肪、醣類、礦物質以及已被發現的維生素A、B、C、D的飼料來餵養老鼠，在餵養一段時間後發現，這些老鼠雖然長得很好但是他們的生殖機能卻出現異常，當時並不清楚到底是哪裡出了錯，導致發生這樣的結果。也在這一年，H.M Evan及K.S Bishop宣布了一種新的脂溶性維生素的發現，就是維生素E。因為維生素E的存在可以使胚胎發育正常，所以維生素E又被稱為生育醇（Tocopherol），在希臘語中意味著「誕生」。

雖然在1922年維生素E就被發現了，也知道它在維持老鼠的生殖功能上扮演重要的角色。不過因為沒有很好的測試技術，而且具有活性的維生素E一直沒有被分離出來，所以在被發現的15年間，科學家對於維生素E的認識仍然是相當有限。

直到1936年，Evan才從小麥胚芽當中取得有活性的維生素E，至此對維生素E的認識算是向前跨了一大步。

維生素E目前最紅翻天的抗氧化功能，則是在1960年代才正式被提出。因為維生素E在食物當中含量實在是太豐富了，同時人體內會累積維生素E，所以在成人身上要發生缺乏症並不容易。

目前，維生素E最令人在意的功能，是預防保健及抗老化，也許再過幾年，維生素E又會被發現有其他更新的功效，且讓我們拭目以待吧！

維生素E家族

維生素E是淡黃色的油狀物，對熱穩定，但容易被紫外線破壞，也容易與氧結合，有助於防止多元不飽和脂肪酸及磷脂值被氧化，所以維生素E在體內有很好的抗氧化作用，其中以δ-生育醇（δ-tocopherol）的效果最強（δ＞γ＞β＞α）。平常我們在食品的外包裝上可以看見的成分標示，常出現把維生素E當作抗氧化劑使用的方式，就是利用維生素E的這種特性。

如果就抗不孕的功能來看，則以α-生育醇（α-tocopherol）的效果最強（α＞β＞γ＞δ）。

很多人都以為維生素E就是代表α-生育醇（α-tocopherol），其實不全然對。自然界中除了最具活性的α-生育醇(α-tocopherol)之外，其實維生素E家族分為生育醇 (tocopherol)及生育三烯醇（tocotrienol）兩大家族；這兩類又分別具有α、β、γ、δ四種形式，所以維生素E家族實際上是由八個成員所組成。

其中右旋的α-生育醇是體內含量最多也是最穩定的，其他的七種維生素E，雖然在血液中濃度較低，但也都各有其重要的功能。

生育醇的分子包括環狀結構(芳香環)與長鏈脂肪酸兩部分，長鏈上有雙鍵就是「tocophperol」，是屬於飽和型的維生素E，沒有雙鍵的就是「tocotrienol」，也就是不飽和型的，可以詳見附表。

α-生育醇效果最好

我們知道維生素E是一個廣泛的名詞，泛指一族脂溶性的化合物，各具有不同程度活性，其中尤其以α-生育醇的活性最高。

如用簡單的數學公式表示，即可以看出它們活性的差別：

通常β-生育醇的生物活性＝
α-生育醇的25-50%生物活性

維 生 素 E 的 種 類

支鏈飽和型 tocopherols	支鏈不飽和型 α - tocotrienols
α-生育醇（α- tocopherol）	α-生育三烯醇（α- tocotrienol）
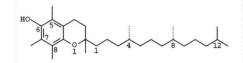	
β-生育醇（β- tocopherol）	β-生育三烯醇（β- tocotrienol）
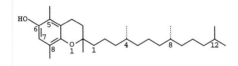	
γ-生育醇（γ- tocopherol）	γ-生育三烯醇（γ- tocotrienol）
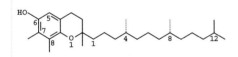	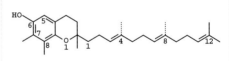
δ-生育醇（δ- tocopherol）	δ-生育三烯醇（δ- tocotrienol）
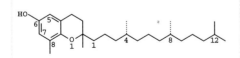	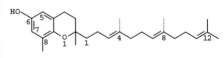

γ-生育醇的生物活性＝
α-生育醇的10-35%生物活性

α-生育三烯醇的生物活性＝
α-生育醇的30%生物活性

活性計量單位

雖然常見的維生素E補充品都是以IU（國際單位）標示，但是美國自1980年起就採用mg α-TE(α-生育醇當量，mg α-tocopherol equivalent)作為計量單位。

所以目前可以看到的維生素E劑量單位和維生素A一樣都有兩種表示的方式。

● α-生育醇當量 (mg α-TE)

由於人體內以α-生育醇的活性最高，維生素E雖然以八種形式存在於食物當中，但為了方便平時的計算，食物中維生素E的總效力以α-生育醇當量(α-tocopherol equivalent，α-TE)表示，其他的七種形式均換算成活性相當的α-生育醇的量。

● 國際單位（International Unit, IU）

國際單位則以化學合成之dl-α-生育醇醋酸酯(dl-α-tocopherol acetate)的活性為標準，每一國際單位相當於1 mg dl-α-生育醇醋酸酯，由於活性較低，效力只有0.67 mg α-TE。

不 同 形 式 維 生 素 E 之 活 性

維生素E形式 (1mg)	α-生育醇當量(mg α-TE)	國際單位(IU)
α-生育醇 (α-tocopherol)	1.0	1.49
β-生育醇 (β-tocopherol)	0.4	0.6
γ-生育醇 (γ-tocopherol)	0.1	0.15
δ-生育醇 (δ-tocopherol)	0.01	0.02
α-生育三烯醇 (α-tocotrienol)	0.3	0.45
dl-α-生育醇醋酸酯 (dl-α-tocopherol acetate)	0.67	1.0

維生素 *E* 的特性

- 維生素E為淡黃色油狀物質，只要隔絕氧氣，在鹼性中也能保持安定。
- 在高溫狀態下，即使加熱到100℃也幾乎不受影響；但油炸的溫度過高（常見的油炸溫度為160～180℃），維生素E仍會被分解。
- 維生素E接觸空氣就會酸化，紫外線也會促使它酸化。
- 在酸敗的油脂或有鉛鹽存在時，易產生氧化作用而遭受破壞。以紫外光照射後也會自行分解。

- 維生素E及維生素C若能合併使用，二者可相輔相成增強皮膚保護作用。
- 維生素E雖然可儲存在體內，但與其他脂溶性維生素不同，其在人體內的儲存時間較短，一天中攝取量的60%-70%會隨排泄物排出體外。

身體中哪裡需要維生素E

　　維生素E主要分佈在細胞膜表面的磷脂質、血液中的脂蛋白（Lipoprotein）及腎上腺中，可以保護各類細胞的組織不受傷害，維持正常的功能。其中磷脂質主導著細胞的正常功能，以及保護細胞膜的完整性，所以像是肝細胞、腦細胞、肺泡細胞以及所有的細胞，都需要完整的磷脂質，當然這些組織也都需要維生素E的保護。免受自由基的侵害。

維生素E的功能

維生素 *E* 的基本功能

因為它芳香環上的氫氧基，使維生素E成為有效的抗氧化劑。另外，因為苯芳香環及脂肪酸的基本結構，使維生素E可能和維生素A及維生素D一般，可以影響人體內的基因調控。

維生素E保護心血管的作用，主要和抗氧化作用有關。同時，全面且非專一性的抗氧化作用，也使得維生素E對廣泛的癌症及神經退化性疾病有預防功效。

維生素E對於人類的真正功能，至今尚未全盤瞭解，仍有許多頂尖的科學家還在努力的找出其他更多的功能。

目前我們已經可以確定的功能有：

● 維持細胞膜的完整性

因為可以接收多餘的氧分子，所以有助於防止多元不飽和脂肪酸及磷脂質被氧化，可以維持細胞膜的完整性。

● 抗氧化

維生素E為脂溶性抗氧化營養素，具有清除自由基的能力，它可以與脂質共存，保護細胞膜上的不飽和脂肪酸，負責細胞膜的抗氧化作用，這也是為何近年來許多多元不飽和脂肪酸及抗老化的產品也都會添加維生素E的原因。

體內承受氧化壓力的組織和細胞，例如紅血球、肌肉等都需要維生素E的保護，以免組織受傷而影響生理功能。

● 助孕

維生素E能強化黃體素及男性荷爾蒙的分泌，可以提高性能力，對治療不孕症也有助益。特別是在男性方面，維生素E常被建議拿來當作促進精蟲活動力的維生素。

●防止肌肉萎縮。

●防止腦軟化症。

●防止血管阻塞，降低罹患心臟疾病、冠狀動脈疾病及中風的發生率。

●清除自由基，維持白血球功能，加強體內的免疫反應。

●抗凝血。有防止血小板過度凝集的作用。

●增進紅血球細胞膜的安定及紅血球的合成。

●減少因空氣污染引起的效應，進而使肺臟的傷害降低。

●維持細胞呼吸。

●抗老化，也可減少老人斑沈積。

●改善末稍血循障礙：體內的維生素E不足時，會阻滯末稍微血管的流通，容易出現手腳冰冷等的血循障礙徵象。

●維生素E能防止維生素A被氧化，幫助人體維持健康。

●維生素E能維持神經系統正常功能，所以維生素E攝取足夠的人，認知功能及記憶力均較佳，它對年輕人可以提高記憶力，對於老年人則可預防老人痴呆。

健 康 小 辭 典

美國時代雜誌推薦的十大抗氧化食物

1.番茄：含有豐富的茄紅素，可以大幅降低罹患攝護腺癌的危險，是男性務必多多攝取的食物。

2.菠菜：除了鐵質之外，還有豐富的葉酸可以預防心臟血管的硬化；另外，菠菜中的葉黃素更是可以預防老年眼底的黃斑病變。所以又稱菠菜為「蔬菜之王」。

3.堅果：蘊含豐富的維生素E，同時富含MUFA（單元不飽和脂肪酸），可降低低密度膽固醇，昇高高密度膽固醇，預防心血管疾病少不了它。

4.花椰菜：含有豐富的胡蘿蔔素及維生素C，可降低罹患癌症的機率。

5.燕麥：豐富的水溶性纖維，可降低膽固醇。

6.鮭魚：蘊含豐富的ω-3脂肪酸(深海魚油)，可以避免血栓的形成，預防心血管疾病。

7.大蒜：含有植物化學物質，可以保護心臟。其中的硫化物，研究證實可以抑制腫瘤的生長。

8.綠茶：綠茶內的多酚，有助於抑制新生血管的增生，可以阻止早期腫瘤的發生。

9.藍莓：比起其他蔬菜水果，藍莓是抗氧化物質——花色素，最多的一種了。

10.紅酒：釀造紅酒的葡萄皮含有非常豐富的多酚，使得紅酒也擁有強大的抗氧化效果。

維生素 *E* 與抗氧化的關係

雖然維生素E在所有維生素家族中算是較晚發現的，不過在1980年代卻因為發現他超強的抗氧化功效，掀起了一陣補充維生素E的風潮。在美國，維生素E的銷售量僅次於維生素C，台灣的國民營養調查也顯示維生素E是國人最常補充的維生素，原因就在於每個人都想要抵抗歲月的摧殘，當然就要先抗氧化。

「氧化」相當於「老化」？

人靠氧氣活著，卻又為了健康，非要抵抗它，當中的奧秘您知道嗎?在人類歷史中，許多君王耗盡畢生心力追求健康及長壽，如同嫦娥偷吃了后羿的長生不老藥飛上月亮、白雪公主的後母總想提煉仙丹盼能青春永駐一樣，不論東方或是西方，都在古老的傳說當中，訴說著擁有年輕就能擁有一切的概念。

人體自出生離開母體之後，靠著氧氣維持生命，不過水能載舟亦能覆舟，

吸入身體當中的氧氣約有2%會轉變成活性氧，這些活性氧會和身體內的物質發生作用，形成相當不安定的自由基，這些自由基活躍時，皮膚就會失去彈性、光澤並且出現細紋，使皮膚老化，皮膚一旦老化也就代表身體的老化。

身體的防線 -抗氧化劑

我們的生命無時無刻不在產生自由基，包括呼吸、運動以及因為環境的改變帶來的許多誘導因子，如:環境的汙染、食品添加劑以及水質都會讓自由基有機可乘。

當然，身體也會有自己的防禦，此時如果可以利用某些食物本身的抗氧化能力，及早阻斷氧形成自由基，就可以中斷老化的進展，維生素E正是最有名的抗氧化物。

許多流行病學的研究都顯示，舉凡一些慢性疾病(如：心血管疾病)，或是癌

症的發生，常是因人體不斷的被自由基攻擊，使得正常的細胞產生變化，終於形成了病變。所以，只要談到這些疾病的預防，維生素E就是身體的第一道防線，強大的抗氧化功能阻止了自由基的傷害。

哈佛醫學院的Jennifer Sacheck博士表示，如運動所造成的些微自由基的傷害並不全然是壞的，因為它會刺激身體產生抗氧化劑，但是一點點額外維生素E的補充將會更有效。

維 生 素 E 的 抗 氧 化 機 制

細胞膜上的脂質

維生素E提供電子給自由基

自由基

正常的細胞膜

自由基具有不成對的電子，破壞力強大

被破壞的脂肪酸

維生素E在細胞膜上發揮抗氧化的效果

被自由基破壞的細胞膜

維生素 *E* 是超優值的血管清道夫

全世界中風發生率，每年每千人中有2人，而年齡45至84歲的中老年人中風發生率為每年每千人中有4人。台灣平均每年發生中風新案例為5萬人，超過35歲者的中風發生率為每千人中有5.9人。中風的醫療與照護花費極易耗盡家庭或社會資源，美國估計每年花在中風相關的健康照護費用約為400億美金，這些數字確實驚人。

在4萬名中年男子中，每天服用100IU維生素E，長達兩年以上的人，罹患心血管疾病的危險率下降了37％。

世界衛生組織（WHO）一項對歐洲16個城市男性的大規模研究證明，血液中高含量的維生素E比降低血中膽固醇，更能有效地防止致命性心臟病的發生。

在世界已開發國家中，心血管疾病已穩居主要慢性病與死亡原因的第三名，其中，栓塞型的心臟血管疾病或是動脈硬化，每年更是無情地奪去無數的

生命，這種起因於動脈中的低密度脂蛋白（LDL）膽固醇氧化所引起的疾病，一直在先進國家中高居死亡首因之一。所以，越是進步的國家，維生素E的補充量也應該要越大，誇張的說，就是要如同全民運動一般。

維生素E過去因為具有良好的抗氧化效果而受到重視，現在在防止心臟病方面也逐漸受到重視，經許多研究發現，維生素E可降低三分之一罹患心臟病的風險，同時還減少胡蘿蔔素氧化，可提升β-胡蘿蔔素（β-carotene）保護心臟的能力。

使膽固醇不容易被氧化

氧化態的低密度脂蛋白（LDL），被視為導致粥狀動脈硬化的重要因子。由於維生素E是一種抗氧化物質，可以避免LDL膽固醇被氧化，形成斑塊。在過去有一些研究指出，如果長期服用維生素E，就能預防這類的動脈血栓斑塊的產生。

何謂膽固醇？LDL和HDL有何不同？

膽固醇在血液中運送的方式是以大小密度不同之脂蛋白來運送。而脂蛋白又依其大小密度不同可區分為乳糜微粒、非常低密度脂蛋白（VLDL）、低密度脂蛋白（LDL）、高密度脂蛋白（HDL）等。

非常低密度脂蛋白及低密度脂蛋白太高，易造成血管硬化；高密度脂蛋白卻恰好相反，有清除血管脂肪之作用，因而被稱為血管清道夫。

●低密度膽固醇（LDL-C，俗稱壞的膽固醇）：

低密度脂蛋白膽固醇內含有大量膽固醇，可以滲入動脈血管壁中，進而被氧化，引發一連串的動脈血管壁發炎反應，開啟動脈粥狀硬化過程，當引起大型、中型動脈粥狀硬化時，也會進而引發各種心臟血管疾病，因此低密度膽固醇堪稱是一種「壞」的膽固醇。

當低密度膽固醇高過130mg/dl就被認為是心臟病的一個危險因素。理想數值應維持在100mg/dl以下。

●高密度膽固醇（HDL-C，俗稱好的膽固醇）：

高密度膽固醇會將多餘的膽固醇運送回肝臟，並且將之排除，因此可以維護血管內皮細胞功能，對心臟血管具有保護作用，可降低心臟血管疾病之風險，因此是一種「好」的膽固醇。

當高密度膽固醇低於35mg/dl就會是心臟病的一個危險指標。男性最好維持在40mg/dl以上，女性最好維持在50mg/dl以上。

Knowledge

粥狀動脈硬化是因為脂質（特別是膽固醇）沈積在血管壁上形成斑塊（plaque），當這些斑塊累積之後，血管壁會變厚且沒有彈性，而且內徑也會變窄，導致血流量減少，心血管的營養供應不足，這些斑塊也同時會堆積成為血液栓子，如同軟木塞般，可能會隨著血液四處遊走，直到塞住某一條血管，使得該器官因局部缺血而造成損傷，甚至發生更難以彌補的傷害。

防止早期的斑塊的形成

一篇發表在美國心臟協會的雜誌的文章，報導了有關於維生素E如何減少動脈硬化的可能性原因，報告中指出，維生素E能阻止白血球中的單核細胞黏附在動脈的內皮細胞（endothelial cells）上，防止早期斑塊的產生，讓血液可在動脈中順暢運行流動，因而減低動脈硬化的可能。

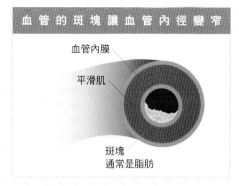

血管的斑塊讓血管內徑變窄

血管內膜

平滑肌

斑塊
通常是脂肪

中斷血栓的連鎖反應

最近又發現維生素E對心臟血管疾病的其他作用，維生素E除了因為抗氧化的能力可以減緩動脈硬塊的形成，而且又能在細胞內抑制血栓形成元凶——脂質氧化酵素（lipoxygenase，LOX）的活性，進而抑制白血球間質酵素（interleukin-beta）的活化，成功地阻斷血栓形成的連鎖反應。

防止血液凝集

維生素E也如同當紅的心臟血管用藥阿司匹靈一般，可以利用促進抗血液凝結的因子來幫助血液維持暢通，也透過酵素的作用促進前列環素（Prostacyclin）合成，進而促進血管舒張並抑制血小板凝集。同時，維生素E也具有強化血管壁的作用。

停經婦女體內維生素E濃度低，中風機率大增

對停經婦女而言，少了最好的雌激素保護傘之後，除了骨質大量流失之外，中風的機率也大幅增加。

研究發現，如果停經後從食物中攝取到的維生素E越多，中風的危險性也隨之降低；攝取較少的人，中風的機率也增加。不過，如果維生素的來源是來自補充劑，則並沒有有任何改變。這似乎說明了，食物中除了維生素E之外，還有其他成分具有保護作用，也許，同時多選擇一些含豐富維生素E的食物，會比全部依賴補充劑效果來得好。

健 康 小 辭 典

● 每日攝取200～400IU維生素E就可以預防中風。
● HOPE（the Heart Outcomes Prevention Evaluation）的研究顯示，高劑量的攝取維生素E補充劑對心臟血管沒有特別的保護作用。
● 注意：服用抗凝血劑的心臟病患補充維生素E要小心，記得要與醫師討論。

Knowledge

預防癌症一定要試試維生素E

民國92年行政院衛生署公佈十大死因，惡性腫瘤又高居榜首，這是自民國71年以來已連續22年蟬聯十大死因之首，以民國92年全年來說，約每14分56秒就有1人死於癌症，而且狀況似有越來越增加的趨勢。

「攝取充足的維生素E，可減少癌症的發生」，從1980年代起，這成了大家最有興趣的話題，也因此開啟了維生素E預防癌症的時代。為什麼維生素E可以防癌？除了歸因於它具有強大的抗氧化能力外，還有另一個理由則是因為它是脂溶性維生素，所以可以存在於細胞膜的最外層，因此它的抗氧化能力是防止細胞受到攻擊的第一道防線。

體內維生素E濃度低，易罹患癌症

美國一項對35,000名婦女所作的研究發現，平時有補充維生素E的婦女，患結腸癌機會比其他人要少68%。芬蘭的一項研究結果證明，血液中的低維生素E含量會使你患各種癌症的可能性上升50%。

另外也有研究指出，女性血液的中維生素E濃度偏低時，容易發生乳癌，當維生素E濃度增高時，則可控制癌症的發展。所以，當女性乳房有細胞病變時，如能適時地增加維生素E的攝取量，就可控制乳癌的發生。

耶魯大學的研究者指出，維生素E的補充能使不吸煙者的肺癌患病率下降一半。維生素E的抗癌功效主要得益於它對免疫系統的功能重建，新的證據證明，維生素E能夠直接阻止癌細胞的生長。

抗氧化可以抗癌

目前抗氧化劑對於癌症的影響，大都透過流行病學個案對照研究及世代研究的方式來瞭解，不過因為癌症的發生牽涉許多因子與機轉，研究需要長達數

十年的時間，任何在治療上的嘗試也需要許多時間才能夠看出其效果及適用性，故有關抗氧化劑在癌症預防上的效果，仍然需要有更多大規模研究支持才能確立。

科學家同時也發現，食物中不同的抗氧化成分對於不同癌症的發生率，也有不同的關聯性存在。

維生素E與大腸結腸癌的關係

在台灣，十大死因當中，除了肝癌之外，國人罹患率最高的莫過於大腸結腸癌了。如何預防大腸結腸癌的發生，維生素E是最常被拿出來討論的抗氧化物質。雖然維生素E對於預防癌症的效果早在80年代就被注意，但真正和大腸相關的癌症一起被瞭解卻是1997年以後的事情了。

維生素E是否在結腸癌的預防及發生上扮演著重要的角色呢？現今仍不是十分清楚。但是，不同種類的維生素E因對結腸組織有不同的作用，可能有預防癌症發生的功能。

目前可以被科學家瞭解及證實的維生素E對於結腸癌的效果，主要有：

●抑制腫瘤的生長

維生素 E 可以防止體內致癌物質（如：亞硝胺）的形成，如果體內維生素E的濃度很高時，具有把新形成的癌細胞，轉變成正常細胞的能力，並可增強身體的免疫能力。不過如果只是一般生理劑量的維生素E就沒有此功能。

●保護細胞免於癌細胞的攻擊

●可增進化學治療及放射線治療的效果

通常，大腸結腸癌可利用外科手術將長有腫瘤的部位切除，在外科手術治療之後，多數人都需要進一步地接受化學治療或是放射線的治療，一些臨床研究發現：維生素 E 可強化化學治療及放射線治療的效果，減輕其副作用。

同時，在進行治療的階段，經常會因為白血球數目過少，使得免疫系統低落，病患變得相當容易受感染，這種狀況經常在療程期間造成困擾，甚而無法持續治療；不過，補充維生素E之後，讓血液中的維生素E濃度提高，可促進免疫系統活躍，當病患免疫力提高，除了可以讓治療順利地進行外，這種自身免疫系統被活躍的反應，就可有效防止癌症的發展與惡化。

維生素E對其他癌症亦有效果

除了大腸結腸癌外，科學家還發現維生素E和攝護腺癌、乳癌及子宮頸癌都有相關。

另有研究指出，維生素E與肺癌的預防也有相關，當血液中維生素E濃度低時，得肺癌的機會，比維生素E濃度過高者多2.5倍。陸續有其他的報告指出，維生素E可阻礙皮膚癌、肝癌、結腸癌、口腔癌和胃癌的發展。

不過，絕對不要就此認為只要服用高劑量的維生素E，就可以避免癌症的發生。畢竟癌症的發生絕對不是單一因子所形成，還必須要從改變生活方式、調整飲食著手，再輔以維生素E的補充才能達到預防癌症最大的效果喔！

每日 *E* 提高免疫力

這幾年不論是台灣或是全世界，都面臨新興傳染病的威脅，這些新興傳染病，比起過去我們所知的傳染性疾病還要凶猛。以感冒來說，以前，我們總認為，只要身體健康，即使被傳染了流行性感冒，一段時間後就會自然痊癒，也就不積極去防治它。

不過，這幾年注射流感疫苗，變成了入秋後的重要預防醫療活動，因為嚴重的流行性感冒，造成許多老年人死亡，而且可能是因為生態環境改變，除了一些新興的傳染性疾病陸續出現外，還有一些舊有的傳染病，也以超強的傳染力及致死率重出江湖，包括：讓有小孩的家長害怕的腸病毒，以及來勢洶洶的流行性感冒。

其實，在傳染病的流行期間，除了勤加洗手、注意衛生、儘量少出入人多的公共場所之外，最好的自保之道，不外乎是提高自身的免疫力。

補充維生素E，讓老人的免疫功能達年輕人的水準

人體的免疫力會隨年齡的增長而下降，這幾乎是不爭的事實，於是營養免疫學家設計了一個實驗，他們讓60歲以上的人，每天服用400或800IU維生素E，結果發現這些人的免疫反應回升，而且幾乎達到了年輕人的水平。雖然維生素E並非對每個人都有效，但對大多數人來說，免疫力的回升值十分可觀，其中，白血球細胞的繁殖，在30天內跳升了10%到30%。

造成免疫力提升的原因為何？主要理由乃是維生素E保護免疫細胞，它讓細胞膜的脂肪免於遭受自由基攻擊。由於這些細胞特別容易受到自由基的傷害，所以我們應注意，不能讓這些細胞內的維生素存量低於應有水平，而且老年人需要補充的維生素E要比年輕時更多，才能恢復免疫功能。

不過，大劑量的維生素E雖然也可以增強年輕人的免疫系統功能，但不如老年人那麼明顯。

另外，2004 年美國醫學會期刊刊載的一項隨機試驗結果，也支持這項說法：每天提供200IU的維生素E可降低安養院病患得到上呼吸道感染的風險。

維生素E能增加抗體，清除濾過性病毒、細菌和癌細胞。而且維生素E也能維持白血球的穩定性，防止白血球細胞膜產生過氧化反應。有補充維生素E的60歲至70歲的老年人，其免疫反應常相當於40歲的中年人。

維持免疫力，健康上身

提升免疫系統的活性，有助於抗體的產生。

感染，特別是呼吸道感染，就像是一般的感冒一樣，老人因為免疫力下降的關係，所以較常遇到感染的問題，也常因此併發許多致命的合併症，嚴重則可能導致死亡。所以有關提升免疫力的發現，對老年人健康具有重要的意義。

感冒，我們已知道它是一種濾過性病毒感染所造成的呼吸道疾病，這些侵入人體的病毒，會大量地自我複製，讓身體沒辦法正常地運作。在這種情況下，身體中的免疫細胞會很快地動員抵抗並殺死這些病毒。所以，唯有身體的免疫功能增強，才能減低被病毒侵害的機會。

專家因此給我們的建議：你無法避免被感染，除非你不去接觸被感染者和被感染的地區。但是，你可以盡己所能的調節免疫系統，確保自己處於最佳的健康狀況。

維生素E讓不穩定的 ω-3狀態最佳

美國麻塞諸塞大學的研究發現，每天的脂肪攝取量從32％降低到23％，可以讓自然殺手細胞的活性增加48％。

免疫理論總是與油脂會扯上關係，眾所周知，平時飲食當中攝取過多脂肪會抑制免疫系統功能，身體只需要適量脂肪，就能健康運作。

同時也要注意攝入脂肪的種類，有些脂肪容易抑制淋巴球，減弱免疫系統的作用，如omega-6（ω-6）脂肪酸含量比例較高的蔬菜油，像黃豆油、葵花籽油等。這一類油脂的性質不穩定，容易在高溫烹調時氧化，產生攻擊免疫細胞的自由基。

而另一種omega-3（ω-3）含量豐富的脂肪（如：EPA，DHA）卻可以提升免疫力，不過因為它的不穩定狀態，需要維生素E來幫助他安定，發揮提升免疫的功能。

過量的維生素E反而降低免疫能力

不過，維生素決不是吃得愈多就愈好，美國一項研究顯示，若每天吃超過800單位的維生素E，反而會降低免疫系統的能力。

美國醫學會「A. M. A.」(American Medical Association)的一項研究顯示，每天吃200IU的維生素E，可讓65歲以上健康的老人，延遲性的皮膚過敏測試反應增強65％，對B型肝炎的疫苗反應，抗體也增加60％，對破傷風疫苗反應抗體增加3倍，對於疾病的感染率也比沒有補充維生素E的老人減少30％左右。

但是每天吃800IU高劑量的維生素E的老人，非但無法增強免疫系統，反而會減低免疫系統。所以，補充維生素E適量而不過量，是增強老人免疫系統的好法寶；過多的攝取，反而對於免疫系統活躍度的提升，沒有太大幫助。

健　康　小　辭　典

增強免疫力的15種方法

根據美國《預防》雜誌的報導，有15種方法可以使免疫系統發揮最佳的效果。

這15種方法，分別是：

1.每天吃200IU的維生素E。
2.每天吃200mg的維生素C。
3.吃一點人參，當中的人參皂苷，可以強化免疫。
4.每天喝酒不超過一杯，即使是紅酒亦然。
5.好好睡一覺。
6.每天運動30分鐘，太過劇烈的運動反而會使免疫下降。
7.按摩，身體放鬆後，會減少壓力荷爾蒙的濃度。
8.不隨便使用抗生素。
9.與知心好友聊聊天，可減少壓力荷爾蒙。
10.開懷大笑，可刺激免疫系統，使免疫系統活躍。
11.每天花5分鐘的時間作白日夢。
12.每天花20分鐘寫日記。
13.對自己有信心。
14.信仰、禱告及參加宗教活動可以使身體放鬆，壓力變少。
15.經常參加藝文活動。

維生素 *E* 留住記憶，遠離老年痴呆

隨著年齡的增加，人的記憶力也會逐漸衰退，不過，有些人才過了60歲記憶力就大幅衰退，常常剛說過的事情，才一轉身就完全忘記了，比起同年齡的其他人更健忘，這似乎是老年痴呆症的前兆。

所謂的老人癡呆症就是阿茲海默症(Alzheimer's Disease)，這病困擾前美國總統雷根十載，此病的主要特徵是大腦神經細胞病變而引致大腦功能衰退，病患的記憶、語言、理解、判斷、計算和學習能力都會受到影響，有些病患情緒、感覺及行為也會產生變化。主要發病者集中在65歲以上的人士，而且年紀愈大，患病的機會也會愈高，所以俗稱此病為老年痴呆症。

在美國，每年有10萬人死於此症，為全美第四大死因。對於這個奪走人健康及心靈的無情殺手，至今尚無特效藥物。隨著世界人口的逐漸老化，這個問題將會更加嚴重。

所以，如何預防在年紀漸長時，不讓老年痴呆的問題纏身，讓退休後的老年生活保有色彩，可以與身旁的親友共同保有絢麗的回憶，是一個重要的課題。

罹患老年痴呆症患者的腦部會產生一種叫做 β－類澱粉（β-amyloid peptide）的蛋白塊，這種蛋白塊在腦部會快速的產生大量自由基，而後會侵害大腦細胞神經元，造成腦細胞死亡，所以 β－類澱粉的不正常累積就成為老人痴呆的元兇。

是不是將體內的自由基消除，補充抗氧化劑就能讓記憶力維持？

在動物實驗當中發現：如果將維生素E植入老鼠腦部，或是讓老鼠體內保持高濃度的維生素E，就能保護腦細胞免受自由基的侵犯，也就不會有老年痴呆的問題發生了。

所以，抗氧化物和老年癡呆症之間，與許多因為老化而產生的疾病一樣，有相當高的關聯性。

維生素E減緩腦細胞衰退的速度

目前治療失智症，高劑量的維生素E佔有舉足輕重的地位。

維生素E對預防老人痴呆的效果，除了在動物實驗中證實有效之外，用於人類的治療，也出現了曙光，在1999年發表在美國流行病學期刊中的一篇研究報告中描述，針對4800位65歲以上的銀髮族老年人進行血液中維生素E的濃度測量與記憶測試，結果發現：血液中維生素E濃度較高者，與記憶力較好的是同一群人，因此推論兩者之間可能存在著某種關連。

在2004年，又有更令人欣喜的發現，有項研究對居住在美國猶他州的4700位罹患老人癡呆症的病人進行調查，發現同時服用維生素C及維生素E的老人，罹患老人痴呆的機會比起完全沒有服用任何補充劑的老人，罹病率低了64%。

類似的結果在芝加哥國家醫學中心的研究中也有發現，位於芝加哥的研究人員，以三年的時間觀察2800名年齡介於65—102歲的美國老人，發現只有30%的老人，記憶力及理解力沒有太大的變化，另外的61%老人，經歷了三年的時間之後，不僅記憶力減退而且理解能力

也降低。再依這結果分析老年人的飲食中維生素E的攝取狀況，發現記憶力及理解力沒有衰退的老人，他們平常的飲食中維生素E的含量較高，或者有定期服用維生素E補充劑的習慣。

進一步的研究也發現，維生素E攝取量較高的族群，四年內罹患老人癡呆症的比例，明顯比起攝取量少的老人，少了70%。

既然如此，是不是所有具有抗氧化能力的營養素（如，維生素A、C、E，硒……）都可以提升記憶力？當然不是囉！其中只有維生素E和記憶力的表現較有關係，其他的抗氧化物質則沒有直接關係。

吃多少才能有效預防痴呆

研究人員都很冀望可透過抗氧化的營養補充劑來幫助人類，使能免於老人癡呆症的威脅，但究竟需要多少的劑量，才能安全又有效地達到目的，仍有待更多資料及研究來確認。

不過透過這些研究的結果可以確定，定期適當的補充維生素E可以有程度地預防癡呆症的發生。

耳聰目明也靠 *E*

一旦年過半百，看眼科醫生的機會，居然變得頻繁，經過公園時，聽到老人們的話題總是圍繞著哪兒有很厲害的眼科醫生，可以讓「霧煞煞」的眼睛變「晶」。在歲月催人老的同時，也沒放過那兩顆小小的眼珠子。

對於熱衷於以食補、藥補養生的中國人而言，經常在烹調中出現的枸杞、決明子不都是為了明目嗎？所以說，明目絕對不是一個全新的保健新課題。除了中醫對於眼睛的保養有具體的建議外，西方醫學針對眼睛的保養以及營養素的需求，也有許多研究和發現。

眼睛的諸多病變中，視網膜的病變是造成老年人眼部失明的最主要原因。在美國，每一萬人就有一人因為視網膜病變，導致失明，所以，老年時對靈魂之窗的保養絕對是刻不容緩的事情。

對於眼睛的保養，許多人都知道，當陽光強烈照射時，應該要戴上太陽眼鏡才出門，倒不是單純只為了不必瞇著眼看東西，而是為了阻礙太強的紫外線直接照射眼睛。因為過度的紫外線照射，會造成眼球過度氧化而提早老化。

視網膜不只需要維生素A

多數人都知道維生素A或是 β－胡蘿蔔素對眼睛視網膜的退化，有改善的效果。所以，維生素A含量很多的魚肝油，或是富含 β-胡蘿蔔素的胡蘿蔔都變成養護眼睛的明星食品。但是在年紀漸增之後，視網膜的退化，是屬於一種微細血管的毛病，而且只要是與血管相關的疾病，都必須要有維生素E。

色素上層細胞需要維生素E

在眼睛的結構中，視網膜猶如相機的底片，可以感光接受影像，所以，一旦視網膜出現問題，視力就會受到很大的影響。

著名的營養學家比爾‧沙迪博士專注於研究視網膜退化病變與抗氧化劑的關係，在他許多的研究中發現，維生素E對於預防視網膜退化很重要，特別是視網膜上的色素上皮層細胞，需要硒（selenium）和維生素E來維持正常的功能。如果缺乏維生素E，這層細胞就會出現營養不良的狀態，原因就在於視網膜色素上皮層細胞內有一種名為「過氧化谷胱苷（glutathione perodxidize）」的抗氧化物，就是由硒和維生素E所產生，如果沒有活化的過氧化谷胱苷，這層細胞就會處於病態的狀態。

一旦病態的情況出現，眼睛感光的能力就會下降，首先會覺得光線總是不足，眼睛看到的東西都不清楚。當發現這狀況時，就該要注意，是否眼睛已經開始營養不良了。

視網膜病變稱得上是一種血管疾病的器官表現，眼睛部位都是微小血管組成，容易因循環不好，有不適應的現象出現，保持這些微細血管血液循環的通暢，是養眼護眼的基本工作。

由於維生素E是保護細胞膜完整性的第一道防線，所以，只要和細胞膜以及血液循環有關的問題，維生素E扮演的角色都相當重要。

黃斑性病變也有效

黃斑性病變也是一種視網膜病變，對黃斑性病變有效的營養素，依目前所瞭解最直接有效的的就屬葉黃素（Lutein）了。這個困擾50％美國老人的視網膜病變，是造成當地老人失明的最主要原因；在台灣，老人黃斑性病變罹患率雖然不像美國那麼高，也不像他們那麼嚴重，但是每位老人或多或少都有某種程度的黃斑性病變。

但除了葉黃素之外，對於黃斑性病變，其它的營養素效果如何？法國巴黎國家健康及醫療研究所的一群科學家，研究了法國一個名為Sete的小鎮，超過2500名60歲以上長者，發現體內維生素E濃度較高的長者，老年性黃斑性病變的發病率明顯降低，而維生素E在此發揮的功能，就是讓視網膜細胞免於被氧化。

皮膚晶瑩剔透靠維生素 *A. C. E*

大概在十幾年前，很流行將食用的維生素弄破，擠出裡面的維生素E塗抹在臉上，據說，可以讓皮膚漂亮、光澤、有彈性。當時，大家剛知道維生素E的好處，台灣也才有維生素E的產品上市。

不過，這幾年利用維生素E來保養皮膚的熱潮似乎退去不少，取而代之的是美白產品維生素A酸以及維生素C。不過，因為維生素E的抗氧功能可以維持維生素A及C的穩定度，所以，在使用維生素A及維生素C的時候務必要添加維生素E。

老化，脂褐質會增加

皮膚能如嬰兒般光潔細膩，是許多女人夢寐以求的。嬰兒的皮膚，不論體質或飲食為何，找不到任何的黑斑，每一個小嬰兒，皮膚向來是透著光潔。相反地，經常在陽光下的農民們，皮膚的皺紋又深又長，膚色也深，這都是太陽的傑作，也就是氧化的結果。

「抗衰老」在富裕的現代社會，成了顯學，身體是否老化由皮膚就可以看得出來。在衰老醫學理論中，年齡的增加會使體內的過氧化脂質變多，而脂褐質（過氧化脂質）的增加，也是老化的標誌。

●老人斑源於脂褐質的累積

老人斑的產生機制目前尚未完全明確，一般認為是體內脂褐質氧化分解後，轉化成的物質，被認是脂褐質聚積所致。

皮膚表皮細胞若長期缺少水分，也容易提早老化而產生脂褐素，也是皮膚暗沉失去光澤的原因之一。

●胎斑也是脂褐質

在身體狀態不好的時候，內分泌系統容易紊亂、失調，這時體內累積的氧自由基過多，但超氧化物歧化酵素(SOD)不足，導致過多的氧自由基與真皮層細胞產生氧化反應，因而形成大量的脂褐質，這就是黃褐斑或是女性在生產過後容易留下的胎斑。

●多種器官老化和脂褐質相關

膚色與皮膚中黑色素的多少有關，飲食的調整能減少黑色素的合成，有助於黑皮膚變白，這時候維生素A和C就派上用場了。

當我們拿著十年前的照片和現在一比，就會發現臉上的皮膚變得沒有光澤而且乾燥。所以，除了利用維生素A和C來抑制黑色素的產生外，還要能減緩造成皮膚老化的產物，而維生素E正可以阻止細胞膜遭到破壞，遏止皮膚提前老化，而且它的效果發揮在較深層的結構，可以讓皮膚更有彈性。

當年紀變大時，細胞膜的脂肪減少，造成毒素的堆積，阻礙了正常的功能及細胞間的訊息傳達，這些毒素即為脂褐質，年紀愈大，腦、心臟、肺、皮膚的脂褐質的堆積愈多，特別是和內分泌系統相關的器官更是。同時，腦下垂體也會堆積，所以發現罹患阿茲海默氏症的患者，腦中的脂褐質比同年齡健康對照組多。

如果年輕時不好好保養，一旦進入更年期，少了雌性激素對皮膚真皮層的作用，再加上脂褐質的堆積，皮膚老化的速度將是非常快速。服用女性荷爾蒙，也會消耗大量的維生素E，因此在皮膚上出現褐斑的機會也就越多。

防止皮膚衰老應怎麼吃

●少攝入富含酪氨酸的食物。

酪氨酸是黑色素的基礎物質，黑色素是由酪氨酸經酪氨酸酶的作用轉化而來；如果酪氨酸攝入少了，那麼合成黑色素的基礎物質也就少了，皮膚就會變得比較白皙。所以想讓皮膚變白，應少吃馬鈴薯、紅薯等富含酪氨酸的食物。

●多攝入富含維生素C的食物

研究證明，黑色素形成的一系列反應大多為氧化反應。不過，當加入維生素C時，則可阻斷黑色素的形成。因此，多吃富含維生素C的食物，如新鮮水果、櫻桃、番茄、柑橘等有助於皮膚美白，坊間流傳「多吃水果皮膚會漂亮」是有科學根據的。

●注意攝入富含維生素E的食物

人體內的脂褐質是因不飽和脂肪酸的過氧化而產生，維生素C與維生素E可抑制它們的過氧化作用，從而有效抵制脂褐質在皮膚上的沉積，使皮膚保持白皙；同時，維生素E還具有抗衰老的功能。

維生素 *E* 預防糖尿病及其併發症

每天100IU可降低血糖

糖尿病是一種容易讓氧化壓力增加的疾病，科學家已經找出代表這個氧化壓力的生化指標。多數糖尿病患者血液中的生化指標都偏高，這也代表他們因心血管疾病造成的致死率也會相對地增加，研究人員發現每天給糖尿病患者100IU的維生素E，可以幫助血糖的控制。

但每天給900～1600IU的維生素E，對血糖下降的幫助，和每天給100IU的效果是差不多的。所以，適量的攝取及補充維生素E是必要的，過量反而造成身體的負擔。

使糖尿病患的血流更暢通

2000年發表在美國心臟學學院期刊的一篇論文，有如下描述：因為過去的研究認為，維生素E是一種可以對抗自由基的物質，可以防止血管內壁阻塞以及讓血流變小，對於血管內壁具有保健的功效。

讓第一型的糖尿病患者每天服用100IU的維生素E，服用三個月之後，這些原本血管內皮細胞功能不佳者，在心臟超音波的觀察下，可發現他們的血液流動，較原先未服用維生素E前更加順暢了。

可預防高危險群發病

2004年刊登在非常權威的糖尿病雜誌《糖尿病照護期刊》（Diabetes Care）中的研究，聚集80名高糖尿病危險因子的肥胖者，前三個月每天給800IU的維生素E，後三個月給1200IU的維生素E，結果發現這些肥胖者體內的細胞對於胰島素的敏感度，都有明顯的改善，這意味著這些個案罹患糖尿病危險性的降低。

不過，這樣的結果並不具持續性，一旦停用維生素E之後，細胞的敏感度又下降了，而且服用的劑量下降後，效果也不再有顯著的差異。所以，如果能同時控制體重以及搭配飲食上的調整，適當補充維生素E會使糖尿病的預防效果更好。

怎樣吃維生素E最健康？

維生素 *E* 的攝取量

維生素E的功能來林林總總，不過，讓人混淆的是，市面上好多不同的劑量，到底要買哪一種呢？

依需求及目的不同，劑量有差異

包括目前的研究，他們所使用的維生素E的劑量也大不相同，不過，因為維生素已經從維持身體基本需求，預防因攝取不足導致缺乏症的角色，轉變為積極預防疾病發生的保健性產品，而且建議攝取量和具有保健功能的劑量，兩者之間有一段不算小的差距，因此選購時應認清目的，才能妥善地補充。

2000年的美國人飲食指南，推薦的維生素E飲食含量，小孩是每天5-10個國際單位。大人則是22個國際單位，很多營養學家認為這樣的攝取量仍是偏低。

維持基本健康的每日需求量

許多醫學報告都指出，維生素E有很優良的抗氧化功能，不論是在防癌、提升免疫以及保護心血管等，均都有相當好的功效，但是也有一些新的研究指出，如果攝取過量反而會使免疫力下降。一般大眾在日常生活中，該如何正確有效的攝取維生素E呢？

●最起碼要達到DRI的建議

根據行政院衛生署公布的DRI（營養素參考攝取量）中，建議健康成年男性維生素E每日攝取量應為12單位，女性10單位。這是以生理活性最強的α—生育醇（α-tocopherol）為計量單位，1毫克的α—生育醇為1單位。

國人的維生素 E 膳食營養素參考攝取量（Dietary Reference Intake，DRIs）		
年齡	足夠攝取量 （Adequate Intakes，AI） 單位：mg of α-TEs	上限攝取量 （Tolerable Upper Levels，UL） 單位：mg of α-TE
0月～	3	-
3月～	3	-
6月～	4	-
9月～	4	-
1歲～	5	200
4歲～	6	300
7歲～	8	300
10歲～	10	600
13歲～	12	800
16歲～	12	800
19歲～	12	1000
31歲～	12	1000
51歲～	12	1000
71歲～	12	1000
懷孕期	14	1000
哺乳期	15	1000

資料來源：行政院衛生署　　　　　　　　　　　　　中華民國九十一年修訂

健 康 小 辭 典

足夠攝取量（AI）與上限攝取量（UL）的差異

　　要了解AI與UL 有何不同，應先了解下列的名詞說明，包括：營養素攝取參考量Dietary Reference Intakes（DRIs）、建議攝取量（RDA）、足夠攝取量（AI）、估計平均需要量（EAR）及上限攝取量（UL）。

中文	英文	說明
建議攝取量	Recommended Dietary Allowance (RDA)	建議攝取量值是可滿足97-98%的健康人群每天所需要的攝取量
足夠攝取量	Adequate Intakes(AI)	當數據不足無法定出RDA值時，以實驗結果的數據衍算出來之營養素量
平均需要量	Estimated Average Requirement (EAR)	估計平均需要量值為滿足健康人群中半數的人所需要的營養素量
上限攝取量	Tolerable Upper Intake Levels (UL)	對絕大多數人而言不會引發危害風險的最高值。
營養素攝取參考量	Dietary Reference Intakes(DRIs)	包含RDA、AI、EAR及UL

●衛生署的這個新標準的訂定重點以「預防慢性疾病發生之因素」為考量，也就是說，每天要攝取如此多的營養素是為了要預防慢性病的發生。

●依行政院衛生署訂定的「國人膳食營養素參考攝取量」中，針對維生素A、D、E訂有每人每日上限攝取量UL，代表對絕大多數人，不會引發危險風險的營養素攝取最高限量。以年齡在19歲以上的人來說，維生素E的UL值為1000毫克(mg)，攝取量若超過UL值就要小心了。

●民眾攝取若未達AI，則表示可能會有缺乏症的症狀出現。

Knowledge

瞭解維生素 *E* 的計量方式

維生素E的單位説明

通常營養學家提到維生素E的單位，通常是（mg of α-TE），這代表著食物當中所有形式的生育醇（tocopherol）的總量，而科學家比較常用IU（國際單位），因為只稱 α—生育醇（alpha tocopherol）。

● **一般換算的方式為**

天然的維生素E：

1mg維生素E＝1.49IU

合成的維生素E：

1mg 維生素E＝1.1IU

● **國際單位和毫克怎麼換算？**

維生素E效力：

α-TE＝α-E(mg)×0.74＋β-E(mg)×0.4＋γ-E(mg)×0.1＋δ-E(mg)×0.01

國際單位只考量右旋甲型生育醇（即α-生育醇）的生物活性，並未計算其他異構物的活性。大致上1毫克右旋甲型生育醇約等於1.5國際單位。

若只由DRI來看，維生素E的需求量相當的低，所以一般人不太容易缺乏。不過因為人體無法自行合成維生素E，所以必須從食物中攝取，許多植物油（如黃豆油、葵花油……等）、堅果類（如花生、腰果……）及小麥胚芽等食物，都是提供維生素E的極佳來源。

尤其以小麥胚芽是最豐富的維生素E的來源，一小匙的小麥胚芽油可提供25IU的維生素E，比起成人一天建議攝取量的12～15 IU，只要半匙就足夠一天的需要量了。而食用油中的玉米油則是以不具活性的γ-tocopherol的成份較多，所以活性維生素E當然就較少了。

舉美國的例子來說，典型美國人的飲食，65%的維生素E是來自於烹調用油、麵包製品以及奶油。而國人飲食當中，維生素E的最主要食物來源也是食用油、深綠色蔬菜以及穀類製品。

特別值得一提的是，將穀類精製過

後，大約會損失80%的維生素E；換句話說，白米比起糙米大約少了百分之八十的維生素E。所以，糙米不僅是維生素B群和纖維來得比白米豐富，連維生素E也都不例外，何不從現在起，試一試健康的糙米呢？

吃得越油需要越多

維生素E的攝取量也和多元不飽和脂肪酸的攝取量成正比，不飽和脂肪攝取量增多時，對維生素E的需求也隨之增多，例如魚油，雖然它在預防心血管疾病及提升免疫力上效果顯著，但因含大量多元不飽和脂肪酸，所以呈現不穩定狀態，因此攝取魚油時，也應注意維生素E的足量攝取，可以協助其安定，確保其效能。

健康小辭典

油脂的分類

　　脂肪依飽和度的不同，可分為飽和脂肪酸（Saturated fatty acid，SFA）、多元不飽和脂肪酸（Polyunsaturated fatty acid, PUFA）以及單元不飽和脂肪酸（Monounsaturated fatty acid,MUFA）三種。

　　一般動物性油脂屬於飽和油脂，在常溫下是固體的形態例如豬油是白色固體，奶油是黃色固體；而植物油則屬於不飽和油脂，常溫時為液態，例如黃豆油、芝麻油、花生油等植物油都是液體。

　　植物油因為含不穩定的多元不飽和脂肪酸，所以高溫烹調時容易裂變，但是單元不飽和脂肪酸含量高的油脂（如：橄欖油）在高溫下，穩定度較高，不易變質。

　　雖然飽和油脂常見於動物，不飽和油脂常見於植物，但是有例外的情形，魚油雖然取自動物，卻是不飽和油脂，常溫為液態，而椰子油和棕櫚油雖然來自植物，卻是飽和油脂，常溫是固態。

維生素 E 過量與缺乏的問題

市售商品劑量高於每日需求量

經常有人會不解的問,為什麼不論是台灣或是美國的衛生單位,建議的維生素E每日攝取量都不超過25IU,但是市面上的維生素E,劑量都起碼100IU,可以買嗎?

因為建議攝取量只計算到能維持身體基本功能的劑量,當攝取到建議量時,身體不會因為缺乏維生素E而出現出現生理異常。如果民眾想要把維生素E的角色從預防缺乏症提升到保健效果的層次,建議量和具有保健功能的劑量之間,就會有一段不算小的差距了。

高劑量維生素E的補充是否必要,一直以來備受爭議。一般來說,如果每天攝取100IU的維生素E應該還是安全無虞,至於400IU以及更高劑量維生素E的補充,就需要依據安全性以及自己身體的狀況謹慎做考量了。

需要量因人而異

維生素E需求量受下面因素影響:

● 壓力、油脂攝取量、快速生長期、更年期與停經期及是否服用賀爾蒙等。

● 超過50歲的婦女比50歲以前,需要的量更多。

● 運動量大的人,不分男女,都應該要補充更多的維生素E。

● 抽煙會增加兩倍的需求量。

● 經常喝酒的人,酒精會誘發自由基的產生,需要更多的維生素E以清除體內自由基。

維生素E吃多了,會不會中毒

關於維生素E大量攝取是否會中毒的問題,2000年美國國家衛生研究院(NIH)進行的實驗發現,成人長期服用高達800毫克(1200IU)的維生素E為時三年,並未發現有人因此而有中毒的現象。

維生素E不容易缺乏

過去曾經有科學家為了要瞭解維生素E缺乏，連續做了五年的研究，即使每天只提供受試者低於4 mg的維生素E，也只觀察到紅血球體外溶血率升高之異常狀況。

雖然維生素E是人體必須的營養素，但卻不像其他營養素這麼容易出現缺乏的症狀。原因在於維生素E存在多種植物性食品中，而且因為它是脂溶性的，可儲存於體內組織中，並不像我們最熟悉的維生素C一樣需要大量補充，平時只要維生素C的量充足，就可以將部分被氧化的維生素E還原，恢復原有功能。所以，一般人很少發生缺乏的問題，少數發生缺乏的人，常是因為疾病與特殊生理狀況導致。

缺乏時，會發生什麼問題

雖然因為維生素E缺乏而造成疾病的機會很小，不過還是會有一些缺乏的症狀出現，仍值得注意及小心，包括：
● 可能發生不孕症、死胎或是死產。
● 可能會有肌肉萎縮的現象。
● 發生新生兒溶血性貧血。

因為只有很少量的維生素E會通過胎盤，所以初生兒或早產兒血漿中的維生素E會偏低。假若母體缺乏維生素E，進入胎兒的維生素E會更不足，可能會因此導致嬰兒紅血球破裂，發生貧血，稱為溶血性貧血，嚴重的還會間接引發新生兒黃疸。

成年人在缺乏維生素E多年後，會顯現出下列症狀：
● 紅血球的溶解增加。
● 血小板溶解增加。
● 血小板增多症。
● 平滑肌中褐色素沈澱。
● 末稍血液循環障礙，導致手腳虛冷且容易發生凍傷。
● 掉髮、頭髮乾燥。
● 慢性脂肪吸收不良。
● 腸胃不適、水腫、肌肉無力。
● 膀胱纖維症。
● 月經失調。
● 性冷感。

吃過量時，會發生什麼問題

比起其它的脂溶性維生素，維生素E算是相當安全。雖然已知脂溶性維生素

會隨著脂肪的堆積在體內積累，無法像水溶性維生素隨尿液排出，但維生素E不會像維生素A一樣，常因為過量攝取而發生中毒的新聞。

即使是每日服用高達3,200毫克的超大劑量，也鮮少有維生素中毒的事件被報導。但因維生素E具有影響人體代謝的效果，所以一般健康的人，合宜且適量的攝取仍是必要的，並且要避免長期過量攝食。

對於心臟病患或高血壓者，維生素E一方面可以降低缺血性心臟病及缺血性心肌梗塞的發病危險，另一方面，它也會增加出血的危險性，因此使用絕對不能過量補充。過量攝取時會發生的問題，包括：

● 血脂肪過高。

● 血液凝固障礙。

● 血清甲狀腺素下降。

● 腸胃不適。

● 維生素A、K的利用減低。

● 頭昏、暈眩、噁心及疲勞等症狀。

過量與不足似乎都不是好事

2005年三月發表於美國醫學學會期刊 (Journal of the American Medical Association, JAMA)的一篇報告指出，老年人長期服用高劑量維生素E補充劑 400IU，不但沒有明顯降低心血管疾病與癌症的罹患風險，反而還可能增加心臟衰竭的機率。

1993年至1999年間，加拿大McMaster大學的Lonn博士，參與心臟病預防評估研究計畫 (The Heart Outcomes Prevention Evaluation, HOPE)，對9541位55歲以上具有心血管疾病或糖尿病的老年人進行研究，結果發現，服用維生素E和安慰劑，其癌症發生率與罹患心血管疾病的風險沒有顯著性差異，而且從更進一步的分析報告甚至發現，服用維生素E的受試者，其心臟衰竭的風險反而升高。

所以，美國醫學學會期刊 (JAMA) 也提出建議：經過HOPE等大型臨床研究計畫的努力，人們應該再重新評估高劑量的維生素補充劑，是否真能如理論所假設，可達到預防疾病的目的。

Knowledge

什麼情況下必須補充維生素 *E*

維生素E不容易缺乏，但不論是美國心臟病醫學期刊或是新英格蘭醫學期刊都讚成民眾應該補充抗氧化劑，即使是食物的攝取已達營養素的建議量，仍舊可以進行補充。

而且，除了補充抗氧化劑以外，並要避免食用醃燻、發霉、油炸等容易產生自由基的食物。

需要補充的族群包括：

● 帕金森氏症患者。
● 心臟血管疾病患者。
● 嚴重灼傷或外傷者。
● 血液循環不佳，靜脈曲張者。
● 更年期的婦女。
● 正服用避孕藥、荷爾蒙製劑或懷孕及受乳婦女。
● 素食者。
● 抽煙者。

補充E可以告別冬天手腳冰冷

許多人一到冬天，就有手腳冰冷的問題，特別是上了年紀的老人家，經常皮膚被凍得呈現暗紫色，即使穿上厚厚的襪子，仍然不見效果，這是什麼原因呢？會出現這些問題的人，都是因為末稍的血液循環不良所導致，因為，當天氣變冷時，日曬和運動量減少，而且在冬季時，血液中血小板和凝血因子的功能都比夏天強，又加上冬天容易呼吸道感染，也會增加血液黏稠度及凝血功能，這些都會導致血液循環變差，加重了手腳冰冷的症狀。

● 和銀杏一樣有效果喔

當發生手腳冰冷症狀時，除了常用來治療末稍血液循環不佳的藥物「銀杏」外，維生素E和菸鹼酸也都是很有效果的營養素。

不過維生素E的效果通常比較慢，必須要服用三個月以上，效果才會顯現。

所以，最好是平時就有保養計畫，不要等到已經手腳冰冷時才開始積極補充，可能就有點兒來不及了。

最好的補充法就是平時每天至少吃一種維生素E豐富的食物，如：核桃、腰果……等，如此持續一段時間後，隔年冬天來臨時，就會發現手腳冰冷的問題已經遠離了。

維生素E是經常喝酒者的保肝劑

喝酒是一項傷肝的事，因喝酒而導致的肝臟疾病包括酒精性肝炎或是肝硬化，這兩者，在目前的醫學治療中，都是屬於相當棘手的疾病。

經常飲酒對於肝臟是相當大的負擔，因為肝臟特有的解毒酵素—肝臟細胞色素P-450（cytochrome P-450），必須非常賣力地工作才能消除酒精對身體所產生的傷害。

酒精在肝臟代謝之後，也會產生許多自由基。通常酒精在喝酒後的一小時，就會開始有自由基的產生，如果連續一星期的飲酒，體內的自由基會在急遽的升高之後，然後緩慢地降下來。自由基的產生和下降，是肝臟細胞色素P-450（cytochromeP-450）解毒系統作用後所發揮的效果。

補充維生素E，可以讓喝酒之後所造成的快速自由基的產生減緩30—50％。因此，如果您一時之間戒不掉酒，也不想變成肝硬化，就及早補充維生素E吧，或是在下酒的小菜中，選擇花生或是其他核果類等富含維生素E的食物。

維生素E可以維護抽煙者的肺

戒煙是保持健康的最好方法，抽煙不僅是高血壓、中風及心血管疾病的危險因子，同時也是罹患肺癌的主要原因之一。

由於抽煙會促使體內的自由基產生，特別是肺部的細胞，自由基會讓老化的速度加快，癌細胞病變的速度也加快，因此，抽煙的人一直是罹患肺癌的高危險群。

美國國家衛生研究院報導，芬蘭的一項研究中發現：由於芬蘭人的飲食中有豐富的全麥及全穀類食物，這些食物當中，都含有豐富的維生素E，因此，芬蘭抽煙族群血液中維生素E的濃度比起其他

國家的抽煙族群高，因抽煙而罹患肺癌的機率，也比起其他國家低了19-23％。

　　另外一項長達七年針對2萬名抽煙男性所做的研究，得到的結論是：即使每天僅補充50毫克的維生素E，也能降低40－50％罹患肺癌的風險。

　　如果您無法戒煙，試著改善一下自己的飲食習慣，每天吃一些杏仁果，核桃或是全穀類食物，提供一些保護給因抽煙而奄奄一息的肺部。

孕婦補充維生素E可防妊娠毒血症

　　十月懷胎的辛苦只有當過媽媽的人才能體會箇中滋味，除了要擔心未曾謀面的寶寶健不健康之外，還要面對自己在懷孕過程當中可能出現的併發症，妊娠毒血症是所有併發症中，危險性很高的一種。

●什麼是妊娠毒血症

　　妊娠毒血症是懷孕時常見的併發症，主要症狀表現有：高血壓、水腫及蛋白尿。此病的發生率約為1％，懷頭一胎、雙胞胎或是罹妊娠糖尿病的孕婦，發病率可能提高10倍，全世界每年約有800萬個孕婦被這問題困擾。

　　婦女懷孕時若有單純的水腫或蛋白尿，可不必太慌張，這些通常在生產完後可自然退去，但如果除前述兩項症狀外又加上高血壓，就應該是妊娠毒血症了。妊娠毒血症的可怕在於它會對母體與胎兒產生較大的傷害，包括母體痙攣、內出血、死亡等，也可能引起胎兒缺氧、生長遲滯、胎盤早期剝離或是胎死腹中。

　　一般認為此病的發生與母體胎兒間的免疫反應有關，因此，當胎兒出生後，妊娠毒血症即消失。

　　孕婦若有持續或劇烈的頭痛、上腹痛、視力模糊等症狀，同時又有高血壓，則必須注意妊娠毒血症的可能，及早加以治療。

　　妊娠毒血症會破壞血管壁的彈性，引發中風，同時會有肝臟、腎臟及肺臟的衰竭，嚴重者甚至會致死。

●補充維生素E及C降低發病率

　　英國科學家發表歷時兩年的研究，他們針對2,000名可能罹患妊娠毒血症的高危險群孕婦給予維生素E及維生素C的

補充，證實適量地補充維生素E及維生素C可以降低50％妊娠毒血症的發生機率。

　　一般孕婦在懷孕中期之後，都會補充「新寶納多」或是「盼納補」等孕期營養補充品。這些營養補充品成分主要是綜合性的維生素，與平日補充的善存類似。不同點在於這些維生素會將懷孕時期需要的營養素提高，以應付懷孕媽媽及胎兒的需要。所以，每天適當的補充這些維生素，除了符合孕期的生理需要外，還可以讓媽媽免於孕期併發症的困擾。

　　雖然在我國的建議攝取量中，孕期每天只需增加2毫克的維生素E攝取，而哺乳期每日也只需增加3毫克。不過，一些專家仍然建議孕婦每天補充200IU的維生素E，高危險群的孕婦則每天需要將維生素E的補充量提高至400IU的劑量。

國人維生素 *E* 的攝取狀況

中央研究院於1993～1996年針對國人做的國民營養變遷調查當中發現，國人維生素E平均攝取量不及建議攝取量的70％，顯示國人的維生素E攝取上，處於不足的狀態。特別是成年女性，平均攝取量只達到DRIs的50％，遑論要達到具有保健功效的高劑量了（如附表）。

由獲得維生素E的來源來看，首要為油脂類，其次是深色蔬菜，男女皆然。

因為植物油是維生素E最豐富的食物來源，所以不論是男性或是女性維生素E的最主要來源都是植物油。然而另一重要的來源堅果類（如：杏仁、花生、核桃以及腰果等），卻連第11名都沒有排上；或許是以前營養學家太過於堅果類豐富的油脂成分，容易導致發胖，使得許多人連碰都不敢碰。

近幾年來發現堅果類含有豐富的維生素E及單元不飽和脂肪酸，讓它得以鹹魚翻身，現在是預防心血管疾病及癌症的必要食物呢！若能改變一些習慣，每天不妨多吃一把堅果類，少用一湯匙的油炒菜，就能讓身體更健康。

在調查當中也發現，台灣地區的民眾有52％，服用維生素補充品的習慣，其中以吃維生素C與維生素E佔最多，每年維生素補充品消費的金額超過70億元。

所以，對於維生素E的補充，國人並不陌生；但臨床研究不同的結果發表，也往往令國人對於維生素補充不知該如何是好！不過若能有效的在天然食物當中儘量攝取含有豐富維生素E的食物，再輔以搭配低劑量的維生素補充品，可以維持身體的健康運作，也較不用害怕高劑量的維生素E的副作用了！

一般成年人雖然不至於因為攝取不足而出現缺乏的症狀，但維生素E強大的抗氧化效果，對人們身體的保護極為重要，應要足量攝取，讓自己遠離疾病，永保青春。

國 人 男 女 兩 性 各 年 齡 層 之 維 生 素 E 攝 取 量				
年齡分層	男性		女性	
(歲)	每日平均攝取量 (mg TE)	佔建議量比例 (%)	每日平均攝取量 (mg TE)	佔建議量比例 (%)
13-15	6.74	56	5.86	59
16-19	7.76	65	6.08	61
20-24	7.1	59	6.43	64
25-34	7.92	66	6.98	70
35-54	8.01	67	8.2	82
55-64	7.54	63	6.5	65
19-64	7.81	65	7.33	73

國 人 男 性 維 生 素 E 的 主 要 食 物 來 源				
排序	食物類別	每日攝取重量 (mg TE)	佔攝取總量比例 (%)	累積比例 (%)
1	植物油類	2.00	26	26
2	深綠色蔬菜	1.16	15	41
3	黃豆類及其製品	0.76	10	50
4	麥類及麵粉製品	0.45	6	56
5	新鮮水果	0.39	5	61
6	豬肉類及其製品	0.38	5	66
7	米類及其製品	0.32	4	70
8	糕點餅乾類	0.27	4	73
9	速食麵	0.25	3	77
10	蛋類及其製品	0.22	3	79
11	其他水產及其製品	0.16	2	81

排序	食物類別	每日攝取重量 (mg TE)	佔攝取總量比例 (%)	累積比例 (%)
		國　人　女　性　維　生　素　E　的　主　要　食　物　來　源		
1	植物油類	2.00	26	26
2	深綠色蔬菜	1.16	15	41
3	黃豆類及其製品	0.76	10	50
4	麥類及麵粉製品	0.45	6	56
5	新鮮水果	0.39	5	61
6	豬肉類及其製品	0.38	5	66
7	米類及及其製品	0.32	4	70
8	糕點餅乾類	0.27	4	73
9	速食麵	0.25	3	77
10	蛋類及其製品	0.22	3	79
11	其他水產及其製品	0.16	2	81

台灣地區男女每天各類食物維生素E的攝取量 (mg)

米類及其製品
油脂類
雞肉類
豬肉類
海鮮類
其他蛋白質來源
蔬菜類
水果類
點心零食類
酒類
調味料類
其他食物

男性平均-mg
女性平均-mg

0　　0.5　　1　　1.5　　2　　2.5　　3

維生素E在哪裡？

哪些食物富含維生素 *E*？

針對食與健康，最近有了許多不同的金字塔出現，像是哈佛醫學院「健康飲食金字塔」、梅約醫學中心提出的「體重控制金字塔」或是網路上Oldway的「地中海飲食金字塔」，由這些金字塔的呈現，可以看出全穀類食物被大大地提倡。

另外，又有「新飲食金字塔」出現，以往不被重視甚至被營養學家們認為十惡不赦的植物性油脂及堅果類食物，也都佔了一席之地。之所以會有這些改變，不外乎是慢性疾病（例如癌症、心臟病）不斷地成為許多國家的主要死因，所引發的省思。

維生素E在營養攝取中日益重要

維生素E含量豐富的食物，像是堅果類的核桃、杏仁、腰果…等，和新的金字塔歸類出來的食物群不謀而合，植物油也是維生素E含量高的食物，在新金字塔中與全穀類並列同層，被歸類為每日均應攝取的食物，使得它的角色，更顯重要。

白米這一類的精緻穀類和糙米比起來，除了膳食纖維的差異之外，維生素E在全穀類食物當中也蘊藏了相當豐富的數量，所以囉！仔細看看哈佛的健康飲食金字塔，白米被擺上盡量少吃的金字塔頂端，僅留下糙米等全穀類食物在必須吃最多的金字塔底部。

和健康飲食金字塔對照一下，您的飲食健康嗎？

● 健康飲食金字塔

　　1992年，美國農業部公布的「飲食指南金字塔」，建議多攝取富含碳水化合物的食物，避免脂肪的攝取量，特別是降低飽和脂肪酸的攝取，因為它會提高血中膽固醇，希望借此指導美國人飲食的健康。圖中，越是金字塔的底端，越是該吃大量；越是金字塔頂端，越是要少量攝取。每日攝取的食物由大量到少量依序為五穀類、蔬果類、奶蛋肉及豆類，油、鹽及糖等非常少量地攝取。

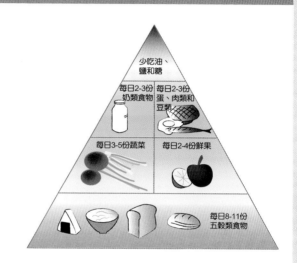

少吃油、鹽和糖

每日2-3份奶類食物　每日2-3份蛋、肉類和豆類

每日3-5份蔬菜　每日2-4份鮮果

每日8-11份五穀類食物

● 新飲食金字塔

　　2002年，美國哈佛大學公共衛生學院流行病學與營養學教授魏勒特（Walter C. Willett）及他的研究團隊，重新建立了另一個新的飲食金字塔，他們相信健康飲食金字塔所提供的飲食模式，與1992年營美國官方所提出的飲食金字塔比較起來，更能預防一些慢性疾病（如：心臟病、癌症）的發生。

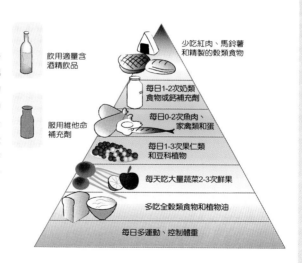

飲用適量含酒精飲品

服用維他命補充劑

少吃紅肉、馬鈴薯和精製的穀類食物

每日1-2次奶類食物或鈣補充劑

每日0-2次魚肉、家禽類和蛋

每日1-3次果仁類和豆科植物

每天吃大量蔬菜2-3次鮮果

多吃全穀類食物和植物油

每日多運動、控制體重

食物中維生素E的含量

    維生素E大部分存在於植物中,特別是植物油(如玉米、黃豆、葵花子、油菜籽油等),動物性食物含量很少。油脂的維生素E含量隨油脂中生育醇及亞麻油酸含量的增加而增加。其中,各種維生素E的含量如附表。

食 物 中 維 生 素 E 含 量 表				
mg / 100g	α-生育醇	β-生育醇	γ生育醇	δ生育醇
高油酸紅花籽油	49.09	0	3.32	0.84
葵花油	42.73	1.38	0.31	0.23
葵瓜子	33.67	1.83	0	0
紅花籽油	27.21	0.73	5.77	0.64
棕櫚油	20.27	0.79	3.79	0.56
花生油	16.77	0.64	10.82	0.58
杏仁	15.75	0	0.64	0
玉米油	13.65	0.8	36.14	0.57
黃豆沙拉油	9.93	1.54	45.65	4.22
芥花油	9.59	0	11.2	0.73
松子	9.48	0	5.79	0
烏魚子	8.32	0	0	0
麻油	7.04	1.84	37.53	3.39
紅蟳	5.8	0	0.19	0
龍蝦	3.86	0	0	0
蠶豆	3.67	0.5	6.34	0.75
蛋黃	3.13	0	0.83	0
花生	2.71	0.52	3.56	0
奶油	2.02	0	0	0

(接右頁表)

（續左頁表）

mg／100g	α-生育醇	β-生育醇	γ 生育醇	δ 生育醇
黃豆	1.48	0.51	10.01	3.91
黑糯米	1.43	0.74	1.23	0.68
白芝麻	1.09	0	18.56	0.41
全麥吐司	0.98	0.37	0.76	0.09
牛肉	0.68	0	0	0
魚肉	0.57	0	0	0
豆乾	0.56	0.24	5.15	2.03
豬油	0.52	0	0.11	0
白土司	0.51	0.1	0.74	0.12
雞油	0.5	0	0.25	0
椰子油	0.46	0	0	0
燕麥片	0.29	0.06	0.19	0
豬里肌肉	0.22	0	0.1	0.04
雞里肌肉	0.15	0	0.08	0.01
鮮乳	0.08	0	0.01	0
意麵	0.05	0.04	0.3	0
饅頭	0.05	0.03	0.08	0.03
白飯	0.04	0	0	0

(資料節錄自行政院衛生署出版之「國人膳食營養素參考攝取量及其說明修訂第六版」)

食用油脂的維生素E含量

　　既然國人營養攝取量中約有25%的維生素E是來自於油脂，那就應該來看看每一種油脂當中，維生素E的組成和含量，如附表。

市 售 油 脂 之 維 生 素 E 組 成 與 含 量					
油脂名稱 (100 g)	α 生育醇 (毫克)	β 生育醇 (毫克)	γ 生育醇 (毫克)	δ 生育醇 (毫克)	維生素E效力 (α -TE)
DHA葵花油	48	2	1	0	48
優質葵花油	46	1	2	0	47
葵花油	43	1	0	0	43
紅花籽油	27	1	6	1	28
強化ADEF沙拉油	18	1	42	6	23
橄欖油	23	0	1	0	23
棕櫚油【素清香】	20	1	4	1	21
棕櫚油【寶素齋】	24	1	3	0	24
玉米油	14	1	36	1	18
100%純花生油	17	1	11	1	18
花生油	16	0	8	1	17
沙拉油(大豆油)	10	2	46	4	15
葡萄籽油	17	0	1	0	17
辣椒油	8	1	38	4	13
調合麻油	7	2	38	3	12
豬油	1	0	0	0	0
雞油	1	0	0	0	0
椰子油	0	0	0	0	0

植物油是維生素E的主要來源，葵花油、紅花籽油、棕櫚油及橄欖油等含豐富的α－生育醇，大豆油和玉米油含γ－生育醇較多。利用大豆油調和之油脂也以γ－生育醇較多，動物油脂的維生素E含量極少，尤其是飽和脂肪酸高的油脂（如：豬油、雞油、椰子油）維生素E的含量全掛零。

所以，如果仍舊用豬油炒菜，可以發現豬油除了是高度的飽和脂肪酸之外，也會失去從油脂攝取維生素E的機會。相反地，使用植物油來烹調食物，除了減少攝取危害心血管健康的飽和脂肪酸之外，還可同時攝取具有保護心臟血管的維生素E，真是一舉兩得。

保存和烹調方式

食用油當中有豐富的維生素E，很容易在加工的時候流失，所以，最好的方式是購買冷壓（cold-pressed）的食用油，就可以在用餐的時候攝取到豐富的維生素E。

維生素E雖然可以耐高溫及酸，但在酸敗脂肪、鉛、鐵的環境下卻很容易被氧化，所以不應儲存在鉛及鐵材質的容器中，也要避開紫外光的照射。

冰點以下易損毀維生素E，所以冷凍的食物得不到天然維生素E；油炸因溫度太高也沒有維生素E。

怎樣吃維生素E效果最好？

●最好和少量的脂肪一起吃，因為脂肪可以幫助維生素E在腸胃道的吸收
●和硒一起吃，因為硒可以強化維生素E的作用。

最好不要這樣吃

●和制酸劑（胃藥）一起吃
●和降膽固醇的藥物一起吃

誰該補充維生素 *E* ？

一般來說，由於維生素的營養素參考攝取量相當的低，不容易出現缺乏的症狀。不過，仍有一部分的人需要特別留意維生素E不足的問題，可以透過下列問題執行自我檢測，了解自己是否可能會有維生素E不足的狀況發生。

誰該補充維生素E？

●你的膽囊切除了

由於膽囊中貯存的膽汁，在我們進食富含脂肪的食物之後，藉由膽囊收縮素的刺激，會將貯存在膽囊當中的膽汁，釋放至腸道中，進行乳化脂肪的工作。脂肪的消化吸收，必須靠膽汁將脂肪乳化成較小的脂肪顆粒，才能在腸道消化吸收。

許多成年人，因為膽結石的緣故，用外科手術的方式將膽囊摘除了。剛摘除後的一段時間，進食後經常會拉肚子，就是脂肪吸收不完全所導致。

當脂肪吸收不佳時，脂溶性維生素的吸收也會一併變差，因為維生素E經常是伴隨著脂肪含量豐富的食物存在的，所以，一旦脂肪攝取必須要減少時，要從食物中獲得足夠的維生素E，也就會變得不那麼容易了。此時，需要攝取維生素E補充劑，才能維持體內足夠的維生素E濃度。

●您正在執行低脂及低熱量的飲食

當您正在執行減肥計畫的時候，低脂低熱量的飲食常是最佳的飲食選擇，通常營養師會建議您補充綜合維生素，特別是維生素B群，因為當身體開始燃燒熱量時，需要許多的維生素B群。

由於執行減肥計畫是需要一段時間才能完成。所以，當經過一段時間的低脂肪飲食之後，由食物得來的維生素E也相對減少了許多。如果您想要減肥之後，想要皮膚依然美麗，保有彈性，額外補充維生素E補充劑是必須的。

●您正在執行不吃澱粉類食物體重控制

　　對於利用不吃澱粉類食物的方式來控制體重的人而言，由於很難從全穀類來源獲得維生素E。所以，如果您長期不吃澱粉類食物，請務必要加強補充維生素E。

●您正在服用降低膽固醇的藥物

　　如果您正在服用cholestyramine或是cholestipol等類型的降膽固醇藥物，通常會使得脂溶性維生素的吸收變差，當然包括維生素E，所以服藥期間，補充維生素是絕對必要的。

●工作壓力大的人

　　平時工作壓力大的人，身體會隨時不斷地產生氧化壓力，生成自由基。所以工作壓力大的人，因為自由基產生的比一般人來得多，所以對於維生素E的需求量也相對地增加了。額外補充維生素E可以穩定不安的情緒，保持細胞膜的完整性。

●經常外食的人

　　關於外食的問題，除了飲食上的不均衡之外，過多的油脂攝取，也會讓氧化壓力增加，所以，應該要加強補充維生素E。

●過敏體質的人

　　容易導致過敏的食物，包括維生素E含量豐富的堅果類家族們。對於經常過敏或是呼吸道敏感的人，平時對於這些杏仁、核桃及腰果等可都是敬謝不敏，也是一定要補充維生素E的族群。

●你有囊腫性纖維症

　　由於消化脂肪的能力不佳，所以沒辦法吸收足夠的維生素E。也許你需要額外攝取維生素E補充劑。

●你有克隆氏症

　　您的小腸沒辦法有效地吸收來自食物的維生素E。有此疾病的患者，可以找您的醫生談一談，也許你需要額外的攝取維生素E補充劑。

●你有肝病

　　您無法利用維生素E，也許你需要額外的攝取維生素E補充劑。

Easy cooking

維生素E
優質食譜

吃這些食物可以增加生殖能力、強化腦力，又可以長生不老。

8種食材介紹，16道簡易做法，抗病、防老、保安康。

- 鰻魚
- 葵花油
- 燕麥片
- 烏魚
- 核桃
- 松子
- 甘藷
- 芒果

維生素 E

Easy
cooking

Milk

鰻魚 　0.33 α -TE/100g

食材簡介 鰻魚是一種非常奇特的水產生物，它出生在海水中，卻在淡水成長，每年，即將排卵的雌鰻，都會沿著河口由淡水進入大海產卵，產卵結束後，就開始了回游的旅行，然而這趟旅程也意味著雌鰻的死亡。

鰻魚含豐富的蛋白質、維生素A、B群、鈣、鐵、DHA、EPA，每100公克的鰻魚中含有大約3000 IU的維生素A和100毫克的鈣。維生素A有促進生長，增強免疫力，抗氧化的功能，對視力也有保健功效；鰻魚的DHA和EPA較其他海鮮與肉類高出許多，DHA和EPA對於心血管疾病的預防及保健有良好的效果；蛋白質、維生素B2及鈣，對於成長中兒童的腦部發育、骨骼及牙齒生長有相當的益處。除了上述營養成份之外，鰻魚還有膠原蛋白，可以延遲老化、滋補養顏，也是愛美族必備的「吃的化妝品」。

營養師小叮嚀： 現在市面上已出現加工調味的「蒲燒鰻」，處理非常方便，只要放進烤箱烤熟後，灑上白芝麻，營養又美味，可符合忙碌現代人便利又省時的健康需求。

① 蒲燒鰻飯

② 川芎燉鰻魚

- ■ **材料**：鰻魚骨3副、鰻魚半尾（約100克）、白飯250克、白芝麻1小匙。
- ■ **調味料**：米酒3大匙、冰糖1/2大匙、醬油、柴魚各1大匙、麥芽糖1小匙、肉桂粉少許。
- ■ **做法**：
1. 鰻魚骨烤至酥，入鍋，加入調味料，以小火煮至湯汁變濃稠（剩約1/4杯），熄火。
2. 鰻魚洗淨，瀝乾，用刀在魚肉上細剁數刀，再放入烤箱以150度烤8分鐘。
3. 將1.之醬汁刷於鰻魚肉上，再入烤箱烤2分鐘。
4. 盛飯，淋上少許1.之醬汁，續放上蒲燒鰻，並灑上白芝麻即可。

- ■ **材料**：鰻魚300克、川芎2錢、黃耆1錢、當歸2片。
- ■ **調味料**：鹽巴1小匙。
- ■ **做法**：
1. 將鰻魚加鹽搓洗，去腸泥，切數刀不斷；藥材漂洗去砂。
2. 鰻魚放入燉鍋，加水及藥材，先以大火煮沸後轉小火慢燉30分鐘後調味即可。

Easy cooking 鰻魚食譜

葵花油 32.21 α-TE/100g

食材簡介 葵花油由葵花籽提煉而成,葵花,又名向日葵,為菊科植物,我國各地均有栽培。向日葵一身是藥,其種子、莖葉、莖髓、根、花等均可入藥。

葵花子含有豐富的礦物質和維生素,其中以脂肪含量最多,占一半以上,所含的脂肪為不飽和脂肪酸,能促使細胞再生,防止動脈硬化及冠心病。維生素E含量高,能延緩衰老,所含維生素B,有調節腦細胞代謝的作用;蛋白質含量占四分之一,特別是氨基酸的比例很高。鉀的含量超過香蕉和桔子,鉀是人體中不可缺少的物質,一旦缺少,會引起心肌衰弱、肌肉無力,甚至誘發心肌梗塞。缺乏鉀還會削弱胰島素的功能,加重糖尿病。而且鉀還可排出人體內多餘的鈉,達到預防高血壓的目的。

營養師小叮嚀: 過年時,常會準備一些堅果類食品,葵花籽就是其中之一,可是葵花籽在加工過程中,需要大量的食鹽,若鹽攝取過多,導致血壓升高或高血壓病患者症狀加劇,嚴重者還會誘發腦中風或心絞痛,所以必須小心食用。

❶花枝炒甜豆

❷山蘇炒培根

- ■材料：花枝100克、甜豆莢50克、辣椒5克、葵花油1大匙。
- ■調味料：糖1/2小匙、鹽1/3小匙、太白粉1小匙、香油少許。
- ■做法：
1. 花枝洗淨刻花，甜豆莢去除蒂頭，川燙備用；辣椒切菱形片。
2. 鍋熱加入1大匙葵花油、辣椒爆香，加少許水調味，再入花枝、甜豆莢大火快炒，以太白粉水勾芡，起鍋前加入少許香油即可。

- ■材料：山蘇100克、培根20克、辣椒5克、蔥10克、薑3克、蒜5克、葵花油1大匙。
- ■調味料：糖1/2小匙、鹽1/3小匙、酒1/2小匙。
- ■做法：
1. 山蘇洗淨川燙，培根切小片，辣椒切菱形片，蔥、薑、蒜切末。
2. 起鍋加1大匙油，入辣椒、蔥、薑、蒜爆香，加入培根調味拌炒，最後加入山蘇快炒後起鍋。

Easy cooking 葵花油食譜

燕麥片 ■8.62 α-TE/100g

食材簡介 麥類和稻米相較，是更耐寒的農作物。而燕麥，又比一般的麥類更能抵抗酷寒的環境。早在西元初年，燕麥即是西北歐主要的穀類作物；在中國，則多見於長城至內蒙一帶；藏人的主食青稞，也是接近燕麥的作物。對貧寒地區的住民來說，燕麥是重要，也是唯一的糧食來源。

> **營養師小叮嚀：** 市面上有已有一些即食燕麥粥，對現代人來說，是一種方便的營養品。但即食燕麥粥添加了不少鹽或糖，有鹽或糖量限制的人，須小心食用。

燕麥含有豐富的維生素B群、E、多種微量礦物質及水溶性纖維。燕麥脂肪含量是穀類中最高的，所含脂肪酸為單元不飽和脂肪酸，及人體必需的亞麻油酸及次亞麻油酸為主。它的水溶性纖維可以被人體大腸中的細菌發酵及分解，調整醣類和脂質代謝，而且能吸附膽鹽，降低膽固醇。

① 養生米漿

② 鮮奶燕麥粥

■ **材料**：糙米飯30克、花生粉15克、燕麥片20克、水500c.c.、枸杞5克、桂圓10克、冬瓜糖5克、松子2克。

■ **調味料**：黑糖25克。

■ **做法**：

1. 糙米飯、花生粉、燕麥片加水入果汁機打碎，加熱至滾，切換成小火繼續煮30分鐘，加黑糖調味後裝杯。

2. 枸杞泡熱水，桂圓、冬瓜糖切碎，與松子一起灑於米漿上即可。

■ **材料**：燕麥片30克、鮮奶500c.c.。

■ **做法**：

1. 將燕麥拌入鮮奶中即可。

Easy cooking 燕麥片食譜

烏魚 ▢2.1 α-TE/100g

食材簡介 烏魚也稱「鯔魚」，俗稱「烏魚仔」或「烏仔」，英文名字為mullet，是一種會隨季節洄游遷移的魚類。對於烏魚的描述，明代已經十分詳細，京口錄（宋）元：「鯔魚，頭扁而骨軟，惟喜食泥，色鯔黑故名。」又本草綱目（明）：「生東海，狀如青魚，長者尺餘，其滿腹有黃脂，味美…」，顯示明朝以前，已視烏魚為美味珍品。

烏魚的生產季節為冬至前後四個禮拜，所以想在寒冬中吃碗香噴噴熱騰騰的烏魚美食，可要好好地把握時機。

營養師小叮嚀： 烏魚子含有豐富的蛋白質和少量脂肪，又稱 Chinese Cavier（台灣魚子醬），吃法可以以慢火溫熱後切片，伴以當令的白蘿蔔與青蒜，味美無比，若再佐以白酒，更是人生一大享受。

❶ 烏魚米粉湯

❷ 破布子燒烏魚

■ **材料**：烏魚200克、青蒜20克、芹菜20克、粗米粉
50克、油1大匙。

■ **調味料**：鹽1小匙、胡椒少許。

■ **做法**：

1. 烏魚去鱗、鰓，洗淨切段，青蒜洗淨切段。

2. 油沸將青蒜、芹菜爆香，加水4-5碗，煮滾同時放
入米粉及烏魚煮約5分鐘，再加入鹽及胡椒調味。

■ **材料**：烏魚150克、破布子10克、蔥10克、薑10
克、蒜頭5克、沙拉油2大匙。

■ **醃料**：醬油1大匙、酒1大匙。

■ **調味料**：醬油1大匙、糖1小匙、鹽1/3小匙、水1/2
杯。

■ **做法**：

1. 烏魚洗淨以醃料醃20分鐘；蔥、薑切成細末，蒜
頭拍碎。

2. 熱鍋，入2大匙油爆香蔥、薑、蒜，入魚兩面煎至
金黃色，加入調味料及破布子，煮至汁變濃稠，即
可起鍋。

Easy cooking 烏魚食譜

核桃 `2.25 α-TE/100g`

食材簡介 核桃又稱胡桃,西漢時由張騫自西域帶回後傳遍全國,果實營養豐富而味美,核桃富含維生素E,可以提高皮膚的生理活性,有助於美容。核桃中的亞麻油酸、次亞麻酸及多種微量元素,是大腦組織細胞結構的良好來源。同時,核桃還富含鈣、磷、鐵、鉀、鎂、鋅、錳等礦物質及多種維生素,常食不僅有健腦的作用,同時還有預防高血壓、心血管等疾病的功效。

充足的亞麻油酸和次亞麻酸能排除血管壁內新陳代謝產生的雜質,使血液淨化,為大腦提供新鮮血液,可提高大腦的生理功能。核桃中富含各種特殊營養成份,易被人體消化吸收,可增強細胞活力、加強機體抗病能力,且有延年益壽的功效。

營養師小叮嚀:核桃在食物的分類上是屬於油脂類,1克的油脂可提供9大卡的熱量,所以必須適量攝取。

1 核桃酪

2 核桃餅

- ■ 材料：桂圓肉10克、核桃果仁60克。
- ■ 調味料：黑糖15克。
- ■ 做法：
  1. 桂圓肉加300c.c水及黑糖煮滾，轉小火續煮5分鐘，撈出桂圓肉。
  2. 核桃果仁以攝氏170度烤10分鐘，加入桂圓水及2/3桂圓肉；入果汁機打成稠狀，裝杯後再灑上桂圓肉即可。

- ■ 材料：核桃60克、奶油60克、低筋麵粉60克、蛋白60克。
- ■ 調味料：糖60克。
- ■ 做法：
  1. 核桃壓碎備用，烤盤先抹上奶油備用。
  2. 將奶油和糖混合，續入麵粉、蛋白拌勻，靜置30分鐘後，用小湯匙分多數份至烤盤上抹平。
  3. 烤箱先以攝氏180度預熱，再放入核桃餅烤8分鐘，取出放涼盛盤即可。

Easy cooking 核桃食譜

松子 ▪ 10.45 α-TE/100g

食材簡介 李時珍《本草綱目》記載:「松子味甘,性小溫,無毒。主治骨關節風濕、頭眩、袪風濕、潤五臟、充饑、逐風痹寒氣、補體虛、滋潤皮膚,久服輕身延年不老。另有潤肺功能,治燥結咳嗽。」由此可知,我國傳統醫學即認為松子是味美且具有療效的食品,油可食,可降高血脂,是一種難得的保健油脂。

松子內含脂肪極多,能增加熱量,中國古時把它作為利便劑,及營養肌膚、增加熱量的食品。現代醫學研究顯示,松子中的脂肪成分是油酸,亞麻油酸等不飽和脂肪酸,具有預防動脈硬化的作用,經常食用,可以防止因膽固醇增高而引起的心血管疾病。松子中所含的磷,對腦和神經系統也有大的幫助。

營養師小叮嚀:松子在食物分類上,也屬於油脂類,油脂容易氧化,所以購買後要儘快食用,或裝入密封袋放進冰箱保存。

1 松子蘿蔓

2 松子糕

■ **材料**：生干貝2顆、馬蹄20克、生香菇10克、洋蔥
20克、蘿蔓生菜20克、芹菜株5克、松子5克、沙
拉油1小匙。

■ **調味料**：紹興酒1/2小匙、鹽1/2小匙、糖1/3小
匙、醋1/2小匙、太白粉1小匙。

■ **做法**：

1. 生干貝切小丁，川燙備用；馬蹄、生香菇、洋蔥切
   碎；蘿蔓葉洗淨。

2. 鍋熱，入1大匙油爆香洋蔥，入紹興酒及少許水略
   炒，續入馬蹄、生香菇及調味料拌炒，最後加入干
   貝、太白粉水勾芡，起鍋備用。

3. 將炒好的干貝放在蘿蔓葉上，灑上松子及芹菜珠即
   可。

■ **材料**：低筋麵粉130克、松子30克、發粉5克、香
草粉5克、水110克。

■ **調味料**：糖65克。

■ **做法**：

1. 低筋麵粉加松子、發粉、香草粉、水及糖攪拌成糊
   狀。

2. 容器先倒扣放入蒸籠蒸2分鐘，倒入麵糊。

3. 再入蒸籠蒸15分鐘，取出即可。

Easy cooking 松子食譜

甘藷 ■1.34 α-TE/100g

食材簡介 甘藷又名紅薯、地瓜、蕃薯等，隨著人們對雞鴨魚肉的厭煩，過去用來充飢果腹、不登大雅之堂的地瓜，又漸漸成為餐飲的新寵。甘藷不僅在我國種植和食用很廣泛，在世界上也是被公認為物美價廉、老少咸宜的長壽食品。

甘藷富含多種維生素、鈣(每100公克含15.6毫克)及磷(每100公克含17.4毫克)。另含有特殊的黏蛋白，可以維持人體血管壁的彈性，預防動脈硬化，也可使皮下脂肪減少，防止肝腎的結締組織萎縮，對於呼吸道、消化道、關節腔也有很好的潤滑作用。

甘藷也含有豐富的纖維素，纖維可以在腸內吸收大量的水分，增加糞便的體積，預防便秘、減少腸癌的發生。甘藷也是一種鹼性食品，可以中和攝入的酸性食物，調節人體酸鹼平衡，進而達到保健的作用。必須提醒大家的，甘藷含有氧化酶及粗纖維，在人體會產生大量的二氧化碳，所以吃多要小心脹氣。

營養師小叮嚀：吃甘藷應秉持一個原則，吃熟不吃生，因甘藷所含的大量澱粉及氧化酶，需要煮熟蒸透才能被人體消化吸收。

1 地瓜稀飯   **2** 地瓜餃

■**材料**：地瓜80克、白米15克、糙米30克。

■**做法**：

1. 地瓜去皮切成小塊，白米、糙米洗淨備用。

2. 米加水煮成稀飯，地瓜加入稀飯中，用小火熬煮至熟軟。

■**材料**：

　餃子皮：地瓜100克、地瓜粉30克、糯米粉30克。

　餃子餡：花生碎60克、糖15克、奶油30克。

　湯料：黑糖30克、水220c.c。

■**做法**：

1. 地瓜去皮蒸熟，趁熱加入地瓜粉及糯米粉拌勻，作成餃子皮，分成8份。

2. 將花生碎、糖、奶油混合成餡，分成8份。

3. 水燒開後放入地瓜餃，煮至浮起漲大，撈出置於湯碗中。

4. 另燒一鍋水，加入黑糖煮開，放入地瓜餃即可。

■**小叮嚀**：冬天可加入少許薑汁以去寒氣。

Easy cooking 甘藷食譜

抗老維生素

Ｅ

芒果 ■1.12 α-TE/100g

食材簡介 芒果有著紅黑帶橘的外表，切開卻是漂亮的金黃果肉，芒果又名「望果」，即取意「希望之果」。芒果營養價值高，除了含有維生素E外，尚有維生素A及C，所以傳統上說它能益眼、潤澤皮膚；芒果還含有豐富的可溶性纖維，有助消化及降低膽固醇，保護心臟。依據中醫食療的性味分析，芒果屬於性平味甘、解渴生津的果品。生食可以止吐、預防暈車、暈船，效用與話梅相同。另芒果性質帶濕毒，若本身患有皮膚病或腫瘤，應避免進食。虛寒咳嗽者，也應避免食用，以免使喉嚨更癢，西醫中也將芒果列入哮喘的忌口食物。

營養師小叮嚀： 芒果多半當作水果食用，所以若遇酸味，可加點鹽，即能中和酸味。

①芒果蝦沙拉

②芒果雪酪

- ■**材料**：芒果1粒(500克)、草蝦3支。
- ■**調味料**：鹽1/3小匙。
- ■**醬汁**：美奶滋30克、芒果汁2大匙、優格1大匙。
- ■**做法**：
1. 醬汁混合均勻。
2. 水燒開加入鹽、蝦入鍋煮3分鐘，關火燜5分鐘撈出泡冰水，去殼後切成薄片。
3. 芒果切半，去核，果肉切片。
4. 芒果及蝦片依序排列於盤子上，淋上醬汁即可。

- ■**材料**：芒果250克、鮮奶油200克。
- ■**做法**：
1. 芒果洗淨去皮打成泥。
2. 將芒果泥與鮮奶油攪拌均勻，放入冷凍庫冷凍即成。

Easy cooking 芒果食譜

Supplement

市售維生素E
補充品

維生素E補充品何其多,有水溶性有脂溶性,有藥品級有食品級,如何選?有那些可以
選?本單元有詳細的解說與整理。

■ 選購市售維生素 E 補充品小常識
■ 常見市售維生素 E 補充品介紹

維生素 E
Supplement

選購市售維生素E 補充品小常識

Q1 維生素E天然的比合成的好嗎？

　　一般我們到市面選購營養補充品的時候，店家都會標榜他賣的補充品是純天然的小麥胚芽所提煉，價格也貴上許多。果真如此嗎？至少，對於維生素E真是如此呢。

　　首先先來學會辨別人工與天然的維生素E的不同，天然的維生素E來源是d-alpha-tocopherol，而人工合成的則是dl-alpha-tocopherol，單從由字首的d或dl就可以分辨出是天然來源或是人工來源。天然的維生素E因為是生物體所產生，所以只含有一種活性的d型態，而人工的維生素E，因為一般無法將d、l兩種異構物分離，所以含有兩種光學異構物。

　　所以，下一次店家說要賣您天然的維生素E之前，記得再仔細確認一下成分標示:天然的維生素E標示為 d-α-tocopherol，合成的維生素E標示為dl-α tocopherol，除此之外還可以從外觀上來做判斷喔！天然的維生素E是琥珀色的，合成的則是透明的顏色。買的時候仔細瞧瞧，一定可以聰明購買到優質的維生素E。

Q2 要買脂溶或水溶性的維生素E呢？

　　維生素E本身為脂溶性維生素，因此市售的維生素E大都為脂溶性，膠囊狀的大多是脂溶性的，而水溶性的則做成錠劑狀。水溶性的維生素E主要是給不能消化油脂的人或是油脂吃得相當少的中老年人服用。

Q3 飯前吃好還是飯後吃好呢？

　　維生素E因為是脂溶性的維生素，所以最好是在吃過正餐後，腸胃道已經附著油脂時，再服用維生素E，效果才能達到最佳。不過，因為維生素E膠囊中已經存在一些多元不飽和脂肪酸了，所以即使不在飯後吃，也還是可以吸收，也沒有像其他維生素有早上吃或是晚上吃的問題。

Q4 每天應該吃多少？到底該買多少劑量的才好呢？

　　對於預防缺乏維生素E所產生的影響，需要的維生素E劑量相當明確（參27頁）。但是現在補充維生素E可不是只侷限於此，維生素E還有許多預防慢性病的

功能，但到目前為止，對於疾病的防治究竟需要多少維生素E，或者每天該吃多少，則至今仍無定論。不過，因為多數的研究證明每天額外補充100～400IU的維生素E，對於心臟血管的保護效果不錯，這個數值很值得參考。但是如果您是抽煙一族，那至少得吃上400IU的維生素E才足夠呢！

Q5 維生素E補充太多，在人體內會不會像維生素A一樣，出現過量中毒的情形？

維生素E剛開始流行時，因為它脂溶性的特性，許多人都有疑慮，認為衛生機關的建議攝取量只有100IU，但是市售的維生素E劑量卻都高達400IU，每天補充一顆，是不是會中毒啊？

雖然，維生素A服用過量造成中毒的事件頻傳；但是即使每天吃到800IU的維生素E，也從未傳出過因為吃太多的維生素E而中毒的消息，所以囉！服用維生素E時，除了本身有凝血功能異常之外，其餘的人在任何一種情況下補充，都是相當安全的。

Q6 如何選購維生素E？

請依下列原則選購

1. 千萬別貪小便宜，太過便宜的維生素E有較多的機會買到劣質品。
2. 選購時認明為cGMP廠商出品，品質才會有保障。
3. 不需要買最貴的產品，貴不一定最好，通常最貴的一定花了許多的廣告費，何必讓自己當冤大頭呢。

Q7 吃多少就吸收多少嗎？

沒有做過膽囊切除的人，口服的維生素E補充劑，吸收率大概可以維持在20～60％左右，服用的劑量越高，吸收的比率越低，換句話說，就是如果每天補充100IU的人，吸收率可能是60％，所以每天吸收了60IU的維生素E。如果每天攝取800IU的人，吸收率大約僅有20％，所以雖然吃的是800IU的高劑量維生素E，但是真正吸收卻只有160IU。

維生素E吸收後，會存在脂肪的組織中，身體總儲存量大約是3～8公克，當身體有這些存量時，如果完全不吃含維生素E的食物，可以維持四年不缺乏維生素E。

Q8 買維生素E時，發現好像有一些是食品級的維生素E，有一些是需要醫生開處方才能購買的維生素E，這些藥品的效果是不是比較好？

以前在台灣要買到超過100IU的維生素E非常不容易，所以只要親朋好友要到美國去，總是會託購400IU的維生素E。

這是因為以前衛生署，將超過100IU的維生素E訂為醫師處方用藥，所以要買超過100IU的維生素E您必須先到醫院請醫師開立處方，才能拿著處方籤到藥房購買「高劑量」的維生素E，與美國在超市就可以自由選購任何一種品牌的維生素，情況真是大相逕庭。目前，衛生署已將食品級的維生素E劑量上限由100IU提高到400IU，依這標準，要超過400IU才算是藥品級，所以現在在賣場或藥局也可輕易買到400IU的維生素E。

高劑量的維生素E，是因主張須在醫師的指導及建議之下服用，所以，才被列為藥品來管理。

Q9 維生素E有熱量嗎？

維生素E本身並沒有熱量，不過因為它脂溶性的特色，所以一般買到的補充品多為類似魚肝油的外觀，這一種的補充品都含有脂肪幫助吸收，每一顆約有3公克的油脂，所以每吃下一顆維生素E約吃下27卡的熱量。

值得注意的是，一天當中如果除了維生素E的補充以外，還有服用深海魚油以及卵磷脂時，從這些補充品來的油脂也就不少喔！很容易就超過一天建議量的三分之一，此時三餐就要採取清淡飲食，減少烹調時的用油量，才不致又油脂攝取過量。

常見市售維生素 *E* 補充品介紹

你滋美得 天然維他命Super C+E　售價／680元

■ **商品特性**：本品由高科技低溫萃取純天然西印度櫻桃的維生素C，添加維生素E、玫瑰果實，口感酸甜好滋味。

- ■ **適用對象**：一般男女性、需增加維他命C需求者
- ■ **建議用量**：每日1至數錠，置於口腔中咀嚼後自然溶解
- ■ **包裝規格**：90粒／瓶（買一送一）
- ■ **公司**：景華生股份有限公司
- ■ **國外原廠**：NutraMed, Inc.

■ **注意事項**：
1. 置於陰涼、乾燥處保存。
2. 請關緊瓶蓋，避免孩童自行取用。

類別	■維生素C　■維生素E
型態	■口嚼錠

維生成素	A	B1	B2	B6	B12	生物素	葉酸	菸鹼酸	泛酸	C	D	E	K	β胡蘿蔔素	膽鹼	肌醇	PABA
										100 mg		20 IU					

分	硼	鈣	鉻	鈷	銅	氟	碘	鐵	鎂	錳	鉬	磷	鉀	硒	鈉	硫	鋅

其他	玫瑰果實粉末

你滋美得 天然維他命E　售價／880元

■ **商品特性**：本品為天然維生素E，具有抗氧化作用，可維護皮膚健康，養顏美容，收青春永駐之效。

- ■ **適用對象**：成年人、欲維持皮膚及血球細胞的健康者、懷孕、哺乳婦女
- ■ **建議用量**：
  【保健】每日1粒
  【改善】每日2粒（分次飯後食用）
- ■ **包裝規格**：180粒／瓶
- ■ **公司**：景華生技股份有限公司
- ■ **國外原廠**：Best Formulations

■ **注意事項**：
1. 置於陰涼、乾燥處保存。
2. 請關緊瓶蓋，避免孩童自行取用。

類別	■維生素E
型態	■軟膠囊

維生成素	A	B1	B2	B6	B12	生物素	葉酸	菸鹼酸	泛酸	C	D	E	K	β胡蘿蔔素	膽鹼	肌醇	PABA
												400 IU					

分	硼	鈣	鉻	鈷	銅	氟	碘	鐵	鎂	錳	鉬	磷	鉀	硒	鈉	硫	鋅

其他	明磷脂

健安喜維生伊膠囊　售價／1100元

- **商品特性**：維生素E可減少細胞膜上多元不飽和脂肪酸氧化，維持細胞膜的完整性，具抗氧化作用，維持皮膚及血球細胞健康！

- **適用對象**：一般人
- **建議用量**：1日1顆
- **包裝規格**：90粒／瓶
- **公司**：
  健安喜。松雪企業股份有限公司
- **國外原廠**：GNC

- **注意事項**：
  飯後食用，請依照瓶身服用量食用，不可過量。

類別	■維生素E
型態	■軟膠囊

維生成分其他	A	B1	B2	B6	B12	生物素	葉酸	菸鹼酸	泛酸	C	D	E	K	β胡蘿蔔素	膽鹼	肌醇	PABA
												400 IU					

	硼	鈣	鉻	鈷	銅	氟	碘	鐵	鎂	錳	鉬	磷	鉀	硒	鈉	硫	鋅

優倍多天然維他命E軟膠囊　售價／499元

- **商品特性**：純天然高活性植物維生素E含400國際單位可抗氧化，維持皮膚健康，延緩老化。

- **適用對象**：女性愛美族、中老年人（延緩老化，維護心血管健康）
- **建議用量**：1日1顆
- **包裝規格**：50粒／瓶
- **公司**：
  杏輝藥品工業股份有限公司
- **國外原廠**：
  加拿大CanCap G.M.P藥廠

- **注意事項**：
  飯後食用，請依照瓶身建議的服用量食用，不可過量。

類別	■維生素E
型態	■軟膠囊

維生成分其他	A	B1	B2	B6	B12	生物素	葉酸	菸鹼酸	泛酸	C	D	E	K	β胡蘿蔔素	膽鹼	肌醇	PABA
												400 IU					

	硼	鈣	鉻	鈷	銅	氟	碘	鐵	鎂	錳	鉬	磷	鉀	硒	鈉	硫	鋅

加仕沛 美麗佳人E錠　售價／450元

■ **商品特性**：脂溶性維生素E為具抗氧化作用，能維持皮膚及血球細胞的健康，保護身體，是幫助細胞維持健康的營養素。

- ■ **適用對象**：一般人、注重健康、美容及年齡漸長者
- ■ **建議用量**：每次1粒，每日3次
- ■ **包裝規格**：120粒／瓶
- ■ **公司**：永信藥品工業股份有限公司
- ■ **國外原廠**：美國Carlsbad Technology Inc.U.S.A.

■ **注意事項**：
請確實遵循每日建議量食用，不需多食。

類別	■維生素E
型態	■糖衣錠

維生素	A	B1	B2	B6	B12	生物素	葉酸	菸鹼酸	泛酸	C	D	E	K	β胡蘿蔔素	膽鹼	肌醇	PABA
												100 mg					
	硼	鈣	鉻	鈷	銅	氟	碘	鐵	鎂	錳	鉬	磷	鉀	硒	鈉	硫	鋅

分	
其他	

悠康 天然純化E透明液體膠囊　售價／980元

■ **商品特性**：本產品採用冷壓縮液體充填科技製作之透明液體膠囊，不經高熱融封，可將珍貴且活性不易保存之d型維生素E及高濃縮深海魚油等之健康效應存封在膠囊內，天然維生素E之抗氧化作用結合大西洋深海魚油之健康因子，可維持皮膚及血球細胞機能恆定。

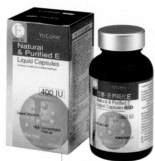

- ■ **適用對象**：一般人
- ■ **建議用量**：每次1粒，每日1次，餐後以溫水吞食
- ■ **包裝規格**：120粒／瓶
- ■ **公司**：永信藥品工業股份有限公司
- ■ **國外原廠**：美國Carlsbad Technology Inc.U.S.A.

■ **注意事項**：
請確實遵循每日建議量食用，不需多食。

類別	■維生素E
型態	■膠囊

維生素	A	B1	B2	B6	B12	生物素	葉酸	菸鹼酸	泛酸	C	D	E	K	β胡蘿蔔素	膽鹼	肌醇	PABA
												400 IU					
	硼	鈣	鉻	鈷	銅	氟	碘	鐵	鎂	錳	鉬	磷	鉀	硒	鈉	硫	鋅

分	
其他	深海魚油(42%EPA/22%DHA)

抗老維生素

E

山樂士天然維他命E200膠囊 售價／600元

■ **商品 特性**：天然原料，維生素E可減少細胞膜上多元不飽和脂肪酸氧化，維持細胞完整性，具抗氧化作用，維持皮膚及血球細胞健康。

■ **適用對象**：一般人
■ **建議用量**：1日1粒
■ **包裝 規格**：90粒／瓶
■ **公司**：昶勝貿易股份有限公司
■ **國外 原廠**：
　Jamieson Canada 加拿大

■ **注意 事項**：
　請依說明或醫師建議使用，多食無益。

| 類別 | ■維生素E |
| 型態 | ■軟膠囊 |

維生素	A	B1	B2	B6	B12	生物素	葉酸	菸鹼酸	泛酸	C	D	E	K	β-胡蘿蔔素	膽鹼	肌醇	PABA
												200 IU					

成分	硼	鈣	鉻	鈷	銅	氟	碘	鐵	鎂	錳	鉬	磷	鉀	硒	鈉	硫	鋅
其他																	

山樂士天然維他命E400膠囊 售價／600元

■ **商品 特性**：天然原料，維生素E可減少細胞膜上多元不飽和脂肪酸氧化，維持細胞完整性，具抗氧化作用，維持皮膚及血球細胞健康。

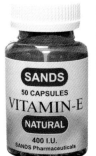

■ **適用對象**：一般人
■ **建議用量**：1日1粒
■ **包裝 規格**：50粒／瓶
■ **公司**：昶勝貿易股份有限公司
■ **國外 原廠**：
　Jamieson Canada 加拿大

■ **注意 事項**：
　請依說明或醫師建議使用，多食無益。

| 類別 | ■維生素E |
| 型態 | ■軟膠囊 |

維生素	A	B1	B2	B6	B12	生物素	葉酸	菸鹼酸	泛酸	C	D	E	K	β-胡蘿蔔素	膽鹼	肌醇	PABA
												400 IU					

成分	硼	鈣	鉻	鈷	銅	氟	碘	鐵	鎂	錳	鉬	磷	鉀	硒	鈉	硫	鋅
其他																	

你滋美得 乳鐵益兒壯　　售價／880元

■**商品特性**：牛的初乳含高單位球蛋白如：IgG，另添加乳鐵蛋白，可提高幼兒對外在環境適應能力。並結合多種維生素，如：B群、有益菌、珍珠貝鈣、DHA及果寡糖，提供寶寶最天然的防禦網。

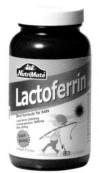

■**適用對象**：偏食的兒童、無咀嚼能力的年長者及臥床者，欲調整體質者

■**建議用量**：
沖泡於牛奶或果汁中
【1～3歲】1天3次，每次1/2～1匙
【3歲以上】1天3次，每次2匙

■**包裝規格**：200gm／每瓶

■**公司**：景華生技股份有限公司

■**國外原廠**：Best Formulations

■**注意事項**：
1.置於陰涼、乾燥處保存。
2.請關緊瓶蓋。

類別	■營養保健品
型態	■粉末

維生素成分	A	B1	B2	B6	B12	生物素	葉酸	菸鹼酸	泛酸	C	D	E	K	β-胡蘿蔔素	膽鹼	肌醇	PABA
	450 IU	10 mg	15 mg	12.4 mg						200 mg	200 IU	2 IU		13.5 mg			
	硼	鈣	鉻	鈷	銅	氟	碘	鐵	鎂	錳	鉬	磷	鉀	硒	鈉	硫	鋅

其他	有益菌、DHA、啤酒酵母、初乳(免疫球蛋白)、乳鐵蛋白、卵磷脂

你滋美得 益兒壯　　售價／680元

■**商品特性**：由牛初乳中抽取高單位球蛋白如IgG，並結合多種維他命如B群、有益菌、珍珠貝鈣、DHA及果寡糖，可提高嬰幼兒對環境適應能力，提供嬰幼兒最天然的防禦網。

■**適用對象**：體質虛弱之嬰幼童，偏食、挑食者，欲調整體質的年長者

■**建議用量**：
沖泡於牛奶或果汁中
【嬰兒6～12個月】1天3次，每次1/2匙
【兒童】1天3次，每次1～2匙

■**包裝規格**：200gm／每瓶

■**公司**：景華生技股份有限公司

■**國外原廠**：Best Formulations

■**注意事項**：
使用後請關緊瓶蓋，置於陰涼、乾燥處保存。

類別	■營養保健品
型態	■粉末

維生素成分	A	B1	B2	B6	B12	生物素	葉酸	菸鹼酸	泛酸	C	D	E	K	β-胡蘿蔔素	膽鹼	肌醇	PABA
	4500 IU	10 mg	15 mg	4 mg						200 mg	200 IU	2 IU		13.5 mg			
	硼	鈣	鉻	鈷	銅	氟	碘	鐵	鎂	錳	鉬	磷	鉀	硒	鈉	硫	鋅
	✓																

其他	有益菌、DHA、啤酒酵母、初乳(免疫球蛋白)、卵磷脂

你滋美得 沛爾力
售價／880元

■ **商品特性**：本品含濃縮肝精、維生素B群、膽鹼、肌醇等，能減少疲勞、增強體力、滋補強身，是精神旺盛的能量補給品。

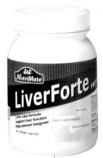

■ **適用對象**：常感疲勞者、經常應酬者、熬夜者、欲增強體力者
■ **建議用量**：
　【保健】每日1粒
　【改善】每日2粒（分次飯後食用）
■ **包裝規格**：60粒／瓶（兩瓶1組）
■ **公司**：景華生技股份有限公司
■ **國外原廠**：Best Formulations

■ **注意事項**：
　1.使用後置於陰涼、乾燥處保存。
　2.使用後請關緊瓶蓋，避免孩童自行取用。

類別　■營養保健品
型態　■軟膠囊

維生成素	A	B1	B2	B6	B12	生物素	葉酸	菸鹼酸	泛酸	C	D	E	K	β-胡蘿蔔素	膽鹼	肌醇	PABA
	1200 IU	1 mg	1 mg	0.5 mg	1.0 mcg	3.3 mcg	0.06 mg	10 mg		10 mg		10IU		✓	✓		
	硼	鈣	鉻	鈷	銅	氟	碘	鐵	鎂	錳	鉬	磷	鉀	硒	鈉	硫	鋅

其他　乾燥肝粉、分餾肝粉2號、濃縮肝粉、啤酒酵母、甲硫胺酸

你滋美得 愛明
售價／1200元

■ **商品特性**：本品主要成分lutein來自美國Kemin Food, L.C原開發廠，擁有18國製造專提供高優質葉黃素，另添加β胡蘿蔔素，山桑籽，硒和DHA。

■ **適用對象**：50歲以上營養保健者、閱讀吃力者、電腦、文字工作者
■ **建議用量**：
　每日1粒，飯後食用
■ **包裝規格**：60粒／瓶
■ **公司**：景華生技股份有限公司
■ **國外原廠**：Best Formulations

■ **注意事項**：
　1.置於陰涼、乾燥處保存。
　2.請關緊瓶蓋，避免孩童自行取用。

類別　■營養保健品
型態　■軟膠囊

維生成素	A	B1	B2	B6	B12	生物素	葉酸	菸鹼酸	泛酸	C	D	E	K	β-胡蘿蔔素	膽鹼	肌醇	PABA
										27.5 mg		100 mg		12.5 mg			
	硼	鈣	鉻	鈷	銅	氟	碘	鐵	鎂	錳	鉬	磷	鉀	硒	鈉	硫	鋅
	✓																

其他　DHA、硒酵母、金盞花萃取物(含葉黃素)、山桑子萃取物

銀寶善存* 膜衣錠

售價／500元(60錠)
780元(100錠)

- **商品特性**：針對50歲以上成人所特別設計之完整營養配方。本製劑係由人體必需的多種之維生素與礦物質所構成，包含了維生素A.C.E.等抗氧化劑。

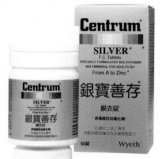

- **適用對象**：成人
- **建議用量**：50歲以上成人每日吞服1錠
- **包裝規格**：60錠／瓶、100錠／瓶
- **公司**：台灣惠氏股份有限公司

- **注意事項**：
  使用後請蓋緊，並避免將水滴入瓶內，請置於乾燥陰涼及兒童無法取得之處。

類別　■營養保健品
型態　■膜衣錠

維生素成分	A	B1	B2	B6	B12	生物素	葉酸	菸鹼酸	泛酸	C	D	E	K	β-胡蘿蔔素	膽鹼	肌醇	PABA
	6000 IU	1.5 mg	1.7 mg	3 mg	25 mcg	30 mcg	0.2 mg	20 mg	10 mg	60 mg	400 IU	45 IU	10 mcg				

	硼	鈣	鉻	鈷	銅	氟	碘	鐵	鎂	錳	鉬	磷	鉀	硒	鈉	硫	鋅
		✓	✓	✓	✓		✓	✓	✓	✓	✓	✓	✓	✓			✓

其他　氯、鎳、矽、錫、釩

善存* 膜衣錠

售價／470元(60錠)
700元(100錠)

- **商品特性**：針對成人所設計之完整營養配方。本製劑係由人體必需的多種維生素與礦物質所構成，包含了葉酸及維生素A.C.E.等抗氧化劑。

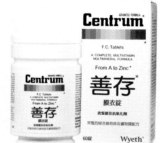

- **適用對象**：成人
- **建議用量**：成人每日吞服1錠
- **包裝規格**：60錠／瓶、100錠／瓶
- **公司**：台灣惠氏股份有限公司

- **注意事項**：
  使用後請蓋緊，並避免將水滴入瓶內，請置於乾燥陰涼及兒童無法取得之處。

類別　■營養保健品
型態　■膜衣錠

維生素成分	A	B1	B2	B6	B12	生物素	葉酸	菸鹼酸	泛酸	C	D	E	K	β-胡蘿蔔素	膽鹼	肌醇	PABA
	5000 IU	1.5 mg	1.7 mg	2 mg	6 mcg	30 mcg	400 mcg	20 mg	10 mg	60 mg	400 IU	30 IU	25 mcg				

	硼	鈣	鉻	鈷	銅	氟	碘	鐵	鎂	錳	鉬	磷	鉀	硒	鈉	硫	鋅
		✓	✓	✓	✓		✓	✓	✓	✓	✓	✓	✓	✓			✓

其他　氯、鎳、矽、錫、釩

■ **商品特性**：生理壓力的情況下，身體會快速流失許多種營養素，克補是專為飲食中容易缺乏某些必需營養素的人，所設計的維生素補充劑。

■ **適用對象**：
　成人
■ **建議用量**：
　成人每日1錠
■ **包裝規格**：
　60錠／瓶、
　100錠／瓶
■ **公司**：
　台灣惠氏股份
　有限公司

■ **注意事項**：
　服用本劑後可能會有尿液變黃的現象，此係本劑中含有維生素B2之成份，為正常現象，請無需掛慮。

類別　■營養保健品
型態　■膜衣錠

維生素成分	A	B1	B2	B6	B12	生物素	葉酸	菸鹼酸	泛酸	C	D	E	K	β胡蘿蔔素	膽鹼	肌醇	PABA
	15mg	10mg	5mg	12mcg	45mcg	400mcg	100mg	20mg	500mg		30IU						
	硼	鈣	鉻	鈷	銅	氟	碘	鐵	鎂	錳	鉬	磷	鉀	硒	鈉	硫	鋅
其他																	

■ **商品特性**：生理壓力的情況下，身體會快速流失許多種營養素。鐵質是造血的重要成份，女性的生理週期會使大量的鐵質流失，克補鐵是專為飲食中容易缺乏某些必需營養素的人，所設計的維生素補充劑。

■ **適用對象**：
　成人
■ **建議用量**：
　成人每日1錠
■ **包裝規格**：
　60錠／瓶
■ **公司**：
　台灣惠氏股份
　有限公司

■ **注意事項**：
　1.本品含有鐵劑，在極高劑量下對幼兒可能發生危險，如有誤食過量的情況發生時，請儘速尋求醫師的診治。
　2.服用本劑後可能會有尿液變黃的現象，此係本劑中含有維生素B2之成份，為正常現象，請無需掛慮。

類別　■營養保健品
型態　■膜衣錠

維生素成分	A	B1	B2	B6	B12	生物素	葉酸	菸鹼酸	泛酸	C	D	E	K	β胡蘿蔔素	膽鹼	肌醇	PABA
	15mg	5mg	5mg	5mg	5mcg	400mcg	100mg	20mg	500mg		30IU						
	硼	鈣	鉻	鈷	銅	氟	碘	鐵	鎂	錳	鉬	磷	鉀	硒	鈉	硫	鋅
其他								✓									

克補鋅　售價／540元

■ **商品特性**：生理壓力的情況下，身體會快速流失許多種營養素。鋅在傷口復原及肝臟功能上，扮演著重要的角色。克補鋅是專為飲食中容易缺乏某些必需營養素的人，所設計的維生素補充劑。

■ **適用對象**：成人
■ **建議用量**：成人每日1錠
■ **包裝規格**：60錠／瓶
■ **公司**：台灣惠氏股份有限公司

■ **注意事項**：
服用本劑後可能會有尿液變黃的現象，此係本劑中含有維生素B2之成份，為正常現象，請無需掛慮。

類別	■營養保健品																
型態	■膜衣錠																
維生素	A	B1	B2	B6	B12	生物素	葉酸	菸鹼酸	泛酸	C	D	E	K	β-胡蘿蔔素	膽鹼醇	肌醇	PABA
成分		15 mg	5 mg	5 mg	12 mcg	45 mcg	400 mcg	100 mg	20 mg	500 mg		30 IU					
	硼	鈣	鋁	鈷	銅	氟	碘	鐵	鎂	錳	鉬	磷	鉀	硒	鈉	硫	鋅
					✓												✓
其他																	

Better Life優質生活 倍維多　售價／580元

■ **商品特性**：生活忙碌導致營養不均衡嗎？倍維多擁有多種營養補給，可幫助您輕鬆做好健康維持，減少疲勞感。更添加茄紅素、螺旋藻、小米草、柑橘類黃酮等複合草本精華，讓您保持青春永駐。

■ **適用對象**：工作忙碌、飲食攝取不均衡者常感疲倦、體力透支者
■ **建議用量**：每日1粒於餐後食用
■ **包裝規格**：60錠／瓶
■ **公司**：中化裕民健康事業股份有限公司　中國化學製藥生技研究中心

類別	■營養保健品																
型態	■錠劑																
維生素	A	B1	B2	B6	B12	生物素	葉酸	菸鹼酸	泛酸	C	D	E	K	β-胡蘿蔔素	膽鹼醇	肌醇	PABA
成分	4000 IU	1.5 mg	1.7 mg	2 mg	12.6 mcg	30 mcg	400 mcg	20 mg	10 mg	60 mg	400 IU	30 IU	25 mcg	1000 IU			
	硼	鈣	鋁	鈷	銅	氟	碘	鐵	鎂	錳	鉬	磷	鉀	硒	鈉	硫	鋅
		✓			✓		✓	✓	✓	✓	✓	✓	✓				✓
其他	柑橘類黃酮、茄紅素、螺旋藻、小米草																

美麗佳人 活力月舒錠　　售價／330元

■ **商品特性**：在歐美鄉間開著紫色小花的琉璃苣，其種子含有一種特殊的脂肪酸－γ-次亞麻油酸（GLA），能提供女性在每月生理期間必需之營養素，維生素B1、B6、B12、E及鈣質。

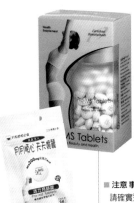

■ **適用對象**：舒緩經痛，給予紅潤好氣色，素食者適用

■ **建議用量**：每次1錠，每日3次

■ **包裝規格**：100粒／瓶

■ **公司**：永信藥品工業股份有限公司

■ **國外原廠**：美國Carlsbad Technology Inc.U.S.A.

■ **注意事項**：請確實遵循每日建議量食用，不需多食。

類別	■營養保健品
型態	■膜衣錠

維生素成分	A	B1	B2	B6	B12	生物素	葉酸	菸鹼酸	泛酸	C	D	E	K	β-胡蘿蔔素	膽鹼	肌醇	PABA
		12 mg		20 mg	0.25 mg							10 mg					
	硼	鈣	鉻	鈷	銅	氟	碘	鐵	鎂	錳	鉬	磷	鉀	硒	鈉	硫	鋅
		12 mg															

其他	琉璃苣油粉末

美麗佳人 元氣明亮錠　　售價／330元

■ **商品特性**：山桑子含有超過15種花青素成分，為天然萃取之抗氧化劑；維生素A可幫助視紫質的形成，使眼睛適應光線的變化，減少疲勞感；葉黃素、左旋維生素C、維生素E、維生素B2、B12可提供眼睛額外之營養。

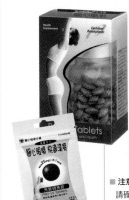

■ **適用對象**：關心眼睛、閱讀、看電視、操作電腦吃力者、素食者適用

■ **建議用量**：每次1錠，每日3次

■ **包裝規格**：100粒／瓶

■ **公司**：永信藥品工業股份有限公司

■ **國外原廠**：美國Carlsbad Technology Inc.U.S.A.

■ **注意事項**：請確實遵循每日建議量食用，不需多食。

類別	■營養保健品
型態	■膜衣錠

維生素成分	A	B1	B2	B6	B12	生物素	葉酸	菸鹼酸	泛酸	C	D	E	K	β-胡蘿蔔素	膽鹼	肌醇	PABA
	0.25 mg		25 mg		0.25 mg					30 mg		10 mg					
	硼	鈣	鉻	鈷	銅	氟	碘	鐵	鎂	錳	鉬	磷	鉀	硒	鈉	硫	鋅

其他	葉黃素、山桑子抽出物

美麗佳人-天然絕美E軟膠囊　售價／330元

■ **商品特性**：天然維生素E之抗氧化作用結合小麥胚芽中多種營養元素，再結合琉璃苣抽出物(含γ-次亞麻油酸GLA)，可維持皮膚及血球細胞之機能恆定，可養顏美容，調節生理功能，維持青春好氣色。

■ **適用對象**：一般人、推薦給注重養顏美容、維持循環健康者
■ **建議用量**：每次1錠，每日1次
■ **包裝規格**：30粒／瓶
■ **公司**：
　永信藥品工業股份有限公司
■ **國外原廠**：美國Carlsbad Technology Inc.U.S.A.

■ **注意事項**：
　請確實遵循每日建議量食用，不需多食。

類別	■營養保健品
型態	■軟膠囊

維生素	A	B1	B2	B6	B12	生物素	葉酸	菸鹼酸	泛酸	C	D	E	K	β胡蘿蔔素	膽鹼	肌醇	PABA
												294 mg					

	硼	鈣	鉻	鈷	銅	氟	碘	鐵	鎂	錳	鉬	磷	鉀	硒	鈉	硫	鋅
分																	

其他	琉璃苣油、小麥胚芽

悠康 年更錠　售價／1080元

■ **商品特性**：本產品嚴選調節女性生理機能所必需之植物草本精華-大豆、琉璃苣及山藥抽出物，配合蜂王乳及維生素E，其蘊含大豆異黃酮(Isoflavone)、γ-次亞麻油酸（GLA）、胺基酸、維生素與山藥之健康效應，協助女性調整體質，平衡生理機能。

■ **適用對象**：一般女性
■ **建議用量**：
　每次2錠，每日2次，於餐後以溫水吞食
■ **包裝規格**：
　120粒／瓶
■ **公司**：永信藥品工業股份有限公司
■ **國外原廠**：
　美國Carlsbad Technology Inc.U.S.A.

■ **注意事項**：
　請確實遵循每日建議量食用，不需多食。

類別	■營養保健品
型態	■糖衣錠

維生素	A	B1	B2	B6	B12	生物素	葉酸	菸鹼酸	泛酸	C	D	E	K	β胡蘿蔔素	膽鹼	肌醇	PABA
												30 mg					

	硼	鈣	鉻	鈷	銅	氟	碘	鐵	鎂	錳	鉬	磷	鉀	硒	鈉	硫	鋅
分																	

其他	大豆異黃酮、琉璃苣抽出物、琉璃苣抽出物、蜂王乳

悠康 深海純化鮫油SQ強化軟膠囊 售價／1180元

■ **商品特性**：本產品嚴選品質優良的大西洋溫熱水域，水深1000米以下活動力旺盛且兇猛之鮫鯊，以冷壓縮之抽提技術，由其肝臟中抽提出高純度之鮫鯊烯（SQUA-LENE），配合可穩定油質之天然維生素E，是促進新陳代謝、養顏美容及延年益壽之保健品。

■ **適用對象**：一般人
■ **建議用量**：每次1粒，每日2次，於餐後以溫水吞食
■ **包裝規格**：90粒／瓶
■ **公司**：永信藥品工業股份有限公司
■ **國外原廠**：美國 Carlsbad Technology Inc.U.S.A.

■ **注意事項**：
請確實遵循每日建議量食用，不需多食。

類別	■營養保健品
型態	■軟膠囊

維生素成分	A	B1	B2	B6	B12	生物素	葉酸	菸鹼酸	泛酸	C	D	E	K	β胡蘿蔔素	膽鹼	肌醇	PABA
												50 mg					

	硼	鈣	鉻	鈷	銅	氟	碘	鐵	鎂	錳	鉬	磷	鉀	硒	鈉	硫	鋅

其他　深海鮫鯊肝抽出物（富含squalene）

悠康 深海純化魚油DHA強化軟膠囊 售價／1180元

■ **商品特性**：本產品嚴選品質優良的大西洋青背深海魚，並利用冷壓縮抽提方式從DHA含量最豐富的眼窩抽提出高濃度魚油，將DHA完整地封存在粒粒晶瑩剔透之軟膠囊內。補充足夠的DHA，配合可穩定細胞膜完整性的天然維生素E，可增強老人與兒童之健康。

■ **適用對象**：一般人
■ **建議用量**：每次1粒，每日2次，於餐後以溫水吞食
■ **包裝規格**：90粒／瓶
■ **公司**：永信藥品工業股份有限公司
■ **國外原廠**：美國 Carlsbad Technology Inc.U.S.A.

■ **注意事項**：
請確實遵循每日建議量食用，不需多食。

類別	■營養保健品
型態	■軟膠囊

維生素成分	A	B1	B2	B6	B12	生物素	葉酸	菸鹼酸	泛酸	C	D	E	K	β胡蘿蔔素	膽鹼	肌醇	PABA
												10 mg					

	硼	鈣	鉻	鈷	銅	氟	碘	鐵	鎂	錳	鉬	磷	鉀	硒	鈉	硫	鋅

其他　高濃縮深海魚油（富含DHA）

悠康 銀脂錠

售價／1180元

■ **商品特性**：本產品嚴選調節生理機能所必需之植物草本精華-銀杏果抽出物、卵磷脂、深海魚油、葡萄籽抽出物、維生素E，並配合滋補強身之珍貴配方-冬蟲夏草，可調整體質、幫助入睡、減少疲勞感、固本培元及延年益壽。

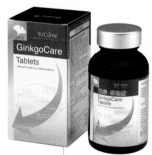

■ **適用對象**：一般人
■ **建議用量**：
　每次2錠，每日2次，於餐後以溫水吞食
■ **包裝規格**：
　180粒／瓶
■ **公司**：永信藥品工業股份有限公司
■ **國外原廠**：美國 Carlsbad Technology Inc.U.S.A.

■ **注意事項**：
　請確實遵循每日建議量食用，不需多食。

類別	■營養保健品																
型態	■膜衣錠																
維生素	A	B1	B2	B6	B12	生物素	葉酸	菸鹼酸	泛酸	C	D	E	K	β-胡蘿蔔素	膽鹼	肌醇	PABA
															20 mg		
成分	硼	鈣	鉻	鈷	銅	氟	碘	鐵	鎂	錳	鉬	磷	鉀	硒	鈉	硫	鋅
其他	銀杏果抽出物、卵磷脂、深海魚油、葡萄籽抽出物、冬蟲夏草																

悠康 男年膠囊

售價／1080元

■ **商品特性**：本產品嚴選男性調節生理機能所必需之植物草本精華-南瓜子，配合維生素A、維生素C及維生素E之抗氧化及膠原形成效應，調整男性體質、增強體力、精神旺盛、促進新陳代謝並使小便順暢。

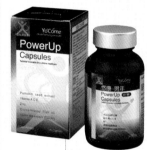

■ **適用對象**：一般男性
■ **建議用量**：
　每次1粒，每日2次，於餐後以溫水吞食
■ **包裝規格**：
　120粒／瓶
■ **公司**：永信藥品工業股份有限公司
■ **國外原廠**：美國 Carlsbad Technology Inc.U.S.A.

■ **注意事項**：
　請確實遵循每日建議量食用，不需多食。

類別	■營養保健品																
型態	■膠囊																
維生素	A	B1	B2	B6	B12	生物素	葉酸	菸鹼酸	泛酸	C	D	E	K	β-胡蘿蔔素	膽鹼	肌醇	PABA
	1.5 mg									25 mg		5 mg					
成分	硼	鈣	鉻	鈷	銅	氟	碘	鐵	鎂	錳	鉬	磷	鉀	硒	鈉	硫	鋅
																	✓
其他	南瓜子抽出物、DHA																

悠康 愛見康透明液體膠囊　　售價／1280元

■ **商品特性**：本產品採用冷壓縮液體充填科技，不經高熱融封，可將珍貴但活性不易保存的維生素A、維生素E、葉黃素、玉米黃素及深海魚油等之健康效應完整封存在膠囊內。

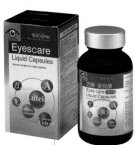

■ **適用對象**：一般人
■ **建議用量**：
　每次1粒，每日2次，於餐後以溫水吞食
■ **包裝規格**：
　120粒／瓶
■ **公司**：永信藥品工業股份有限公司
■ **國外原廠**：美國 Carlsbad Technology Inc.U.S.A.

■ **注意事項**：
　請確實遵循每日建議量食用，不需多食。

類別	■營養保健品
型態	■膠囊

維生素成分	A	B1	B2	B6	B12	生物素	葉酸	菸鹼酸	泛酸	C	D	E	K	β胡蘿蔔素	膽鹼	肌醇	PABA
	0.3mg										200IU			1.8mg			
	硼	鈣	鉻	鈷	銅	氟	碘	鐵	鎂	錳	鉬	磷	鉀	硒	鈉	硫	鋅

其他　葉黃素、合成玉米黃素、深海魚油(42%EPA/22%DHA)

三多葡萄子OPC　　售價／475元

■ **商品特性**：精神旺盛、養顏美容、吃的美容品，特別添加膠原蛋白與左旋C。

■ **適用對象**：愛美養顏者、勞心勞力者
■ **建議用量**：成人每日2次，每次1錠
■ **包裝規格**：60錠／盒
■ **公司**：三多士股份有限公司

■ **注意事項**：
　存於陰涼乾燥處。

類別	■營養保健品
型態	■錠劑

維生素成分	A	B1	B2	B6	B12	生物素	葉酸	菸鹼酸	泛酸	C	D	E	K	β胡蘿蔔素	膽鹼	肌醇	PABA
		✓								100mg		50mg		5000IU			
	硼	鈣	鉻	鈷	銅	氟	碘	鐵	鎂	錳	鉬	磷	鉀	硒	鈉	硫	鋅
														✓	✓		

其他　酵母、膠原蛋白、原花青素、膳食纖維

三多維他命C+E

售價／120元

- ■**商品特性**：每錠含高量維生素C及維生素 E，並添加玫瑰果、西印度櫻桃。

- ■**適用對象**：愛美養顏、勞心勞力者之日常保健
- ■**建議用量**：
  【成人】每次1錠，每日1-3次
  【兒童】每次1錠，每日1次
- ■**包裝規格**：60錠／罐
- ■**公司**：三多士股份有限公司

- ■**注意事項**：存於陰涼乾燥處。

類別	■營養保健品
型態	■錠劑

維生素	A	B1	B2	B6	B12	生物素	葉酸	菸鹼酸	泛酸	C	D	E	K	β-胡蘿蔔素	膽鹼	肌醇	PABA
										300 mg		10 mg					

成分	硼	鈣	鉻	鈷	銅	氟	碘	鐵	鎂	錳	鉬	磷	鉀	硒	鈉	硫	鋅
														✓			

其他	玫瑰果、西印度櫻桃

三多女營養素(植物性)

售價／499元

- ■**商品特性**：中年婦女補充大豆萃取物(大豆異黃酮素)，鈣、鎂、維生素D3、K1、E，可調節女性生理功能、提升生活品質、青春永駐。

- ■**適用對象**：35歲以上女士、中年婦女營養補充
- ■**建議用量**：
  每日2錠、每日早晚飯後各1錠
- ■**包裝規格**：120錠／瓶
- ■**公司**：三多士股份有限公司

- ■**注意事項**：
  準孕婦及產婦不建議使用。

類別	■營養保健品
型態	■錠劑

維生素	A	B1	B2	B6	B12	生物素	葉酸	菸鹼酸	泛酸	C	D	E	K	β-胡蘿蔔素	膽鹼	肌醇	PABA
											300 IU	25 IU	50 mcg				

成分	硼	鈣	鉻	鈷	銅	氟	碘	鐵	鎂	錳	鉬	磷	鉀	硒	鈉	硫	鋅
		✓							✓								

其他	大豆萃取物

三多兒童綜合維他命　售價／399元

■ **商品特性**：專為兒童設計的兒童用綜合維他命，並添加蜂膠、山桑子、初乳奶粉及乳酸菌。

■ **適用對象**：幼兒、兒童、青少年
■ **建議用量**：
【2～4歲】每日2錠
【5～16歲之兒童及青少年】每日3錠
■ **包裝規格**：120錠／瓶
■ **公司**：三多士股份有限公司

■ **注意事項**：
為避免吞食，請咀嚼或研粉食用。

類別	■綜合維生素
型態	■錠劑

維生素成分	A	B1	B2	B6	B12	生物素	葉酸	菸鹼酸	泛酸	C	D	E	K	β胡蘿蔔素	膽鹼	肌醇	PABA
	5000 IU	1.5 mg	1.7 mg	2 mg	6 mcg	45 mcg	400 mcg	20 mg	10 mg	100 mg	400 IU	30 IU	10 mcg	✔			
	硼	鈣	鉻	鈷	銅	氟	碘	鐵	鎂	錳	鉬	磷	鉀	硒	鈉	硫	鋅
	✔	✔	✔	✔	✔		✔	✔	✔	✔		✔	✔		✔		✔

其他　山桑子萃取物、初乳奶粉、乳鐵蛋白、蜂膠、ABLSE乳酸菌

三多綜合維他命　售價／699元

■ **商品特性**：全方位綜合維他命、礦物質及金盞花萃取物，滋補強身，再現活力。

■ **適用對象**：成人
■ **建議用量**：
每日1錠，餐後配開水服用
產前後病後之補養，每日服用2錠
■ **包裝規格**：300錠／瓶
■ **公司**：三多士股份有限公司

■ **注意事項**：
開罐後保持密閉，存於陰涼乾燥處。

類別	■綜合維生素
型態	■錠劑

維生素成分	A	B1	B2	B6	B12	生物素	葉酸	菸鹼酸	泛酸	C	D	E	K	β胡蘿蔔素	膽鹼	肌醇	PABA
	2500 IU	1.5 mg	1.7 mg	2 mg	6 mcg	30 mcg	400 mcg	20 mg	10 mg	100 mg	400 IU	30 IU	25 mcg	2500 IU			
	硼	鈣	鉻	鈷	銅	氟	碘	鐵	鎂	錳	鉬	磷	鉀	硒	鈉	硫	鋅
	✔	✔	✔	✔	✔	✔	✔	✔	✔	✔	✔	✔	✔	✔	✔		✔

其他　金盞花萃取物

抗老維生素
E
83

日谷 長效綜合維他命　　售價／400元

- **商品特性**：含有完整100％RDA之25種營養素與礦物質，更添加黃耆、西洋蔘、金盞花萃取物等植物精華，營養價值更加分，24小時滋補強身不間斷！特殊包覆技術，緩慢釋放，達到24小時長效作用。

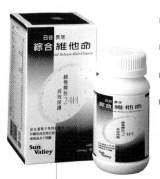

- **適用對象**：
  一般成人
- **建議用量**：
  1日1顆
- **包裝規格**：
  60粒／瓶
- **公司**：
  日谷國際有限公司

- **注意事項**：
  飯後食用，請依照瓶身服用量食用，不可過量。

類別	■綜合維生素
型態	■膜衣錠

	A	B1	B2	B6	B12	生物素	葉酸	菸鹼酸	泛酸	C	D	E	K	β-胡蘿蔔素	膽鹼	肌醇	PABA
維生素成分	2500 IU	1 mg	1.1 mg	1.5 mg	2.4 mcg	30 mcg	420 mcg	13 mg	5 mg	100 mg	200 IU	12 IU	25 mcg	2500 IU			

	硼	鈣	鉻	鈷	銅	氟	碘	鐵	鎂	錳	鉬	磷	鉀	硒	鈉	硫	鋅
成分		✓	✓		✓	✓	✓	✓	✓	✓		✓		✓			✓

其他：矽、金盞花萃取、葡萄籽萃取、黃耆、西洋蔘

大可大安孺（男性專用）　　售價／2000元

- **商品特性**：依據現代男仕的需求，提供最完整的營養配方。含有最豐富及高劑量的多種維生素、礦物質、微量元素、胺基酸，與時下最熱門的天然營養補給品。

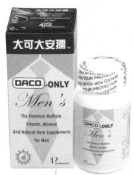

- **適用對象**：一般人。忙碌的上班族、消耗大量體力的勞動族、正值成長快速的青少年、體力漸弱的中老年、想要大展雄風的男性或受不孕困擾的先生
- **建議用量**：每日2錠，每日1次，餐後食用
- **包裝規格**：90錠／瓶
- **公司**：大田有限公司
- **國外原廠**：BIOMED INSTITUTE COMPANY

- **注意事項**：
  開瓶後請放入冰箱冷藏。

類別	■綜合維生素
型態	■錠劑

	A	B1	B2	B6	B12	生物素	葉酸	菸鹼酸	泛酸	C	D	E	K	β-胡蘿蔔素	膽鹼	肌醇	PABA
維生素成分	✓	50 mg	60 mg	60 mg	120 mcg	800 mcg	30 mg	20 mg	300 mg	400 IU	20 IU	40 mcg	10000 IU		✓	✓	✓

	硼	鈣	鉻	鈷	銅	氟	碘	鐵	鎂	錳	鉬	磷	鉀	硒	鈉	硫	鋅
成分		✓	✓		✓	✓	✓	✓	✓	✓	✓	✓	✓	✓			✓

其他：胺基酸、水田芥、銀杏果、南瓜子粉、冬蟲夏草、茄紅素、蜂膠、葡萄籽。

大可大安孺（女性專用） 售價／2000元

■ **商品特性**：依據現代女仕的需求，提供最完整的營養配方。含有最豐富及高劑量的多種維生素、礦物質、微量元素、胺基酸，與時下最熱門的天然營養補給品。

■ **適用對象**：一般人。忙碌的上班女郎、操持家務的家庭主婦、正值成長快速的少女、體力漸弱的中老年婦女、想要懷孕的婦女、孕婦或哺乳的媽媽
■ **建議用量**：每日2錠，每日1次，餐後食用
■ **包裝規格**：90錠／瓶
■ **公司**：大田有限公司
■ **國外原廠**：BIOMED INSTITUTE COMPANY

■ **注意事項**：
開瓶後請放入冰箱冷藏。

類別	■綜合維生素
型態	■錠劑

維生素成分

A	B1	B2	B6	B12	生物素	葉酸	菸鹼酸	泛酸	C	D	E	K	β-胡蘿蔔素	膽鹼	肌醇	PABA
✓	50mg	100mg	80mg	160mcg		800mcg	30mg	20mg	300mg	400IU	200IU	40IU	10000IU	✓	✓	

硼	鈣	鉻	鈷	銅	氟	碘	鐵	鎂	錳	鉬	磷	鉀	硒	鈉	硫	鋅
	✓	✓	✓	✓			✓	✓	✓		✓	✓	✓		✓	✓

其他：胺基酸、月見草油、人蔘、當歸、葡萄籽、茄紅素、大豆異黃酮。

大可小安孺（咀嚼錠食品） 售價／1000元

■ **商品特性**：有多種維他命、礦物質、天然小麥胚芽粉、羊乳粉、鈣粉、初乳的營養補充品，以特殊技術調配，最適合孩童口味。不含蔗糖、葡萄糖，甜味來自山梨醇成份，長期食用不會造成蛀牙。含豐富的維他命E、C、B群、礦物質、蛋白質、胺基酸、乳酸菌，能調整體質、調節生理機能，促進身體對維生素的吸收利用。

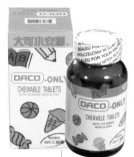

■ **適用對象**：3歲～12歲
■ **建議用量**：
【3歲以下孩童】每日1錠
【3歲～6歲孩童】每日2錠
【6歲以上孩童】每日3錠
隨主餐咀嚼食用。
■ **包裝規格**：100錠／瓶
■ **公司**：大田有限公司
■ **國外原廠**：BIOMED INSTITUTE COMPANY

■ **注意事項**：
開瓶後請放入冰箱冷藏。

類別	■綜合維生素
型態	■口嚼錠

維生素成分

A	B1	B2	B6	B12	生物素	葉酸	菸鹼酸	泛酸	C	D	E	K	β-胡蘿蔔素	膽鹼	肌醇	PABA
2500IU	0.75mg	0.85mg	1mg	3mcg			200mg	5mg	30mg	200IU	15IU					

硼	鈣	鉻	鈷	銅	氟	碘	鐵	鎂	錳	鉬	磷	鉀	硒	鈉	硫	鋅
	✓						✓									✓

其他：小麥胚芽粉、羊乳粉、初乳、嗜酸乳桿菌（A菌）、比菲德氏菌（B菌）、酪乳酸桿菌（C菌）。

大可小安孺

售價／1000元

■**商品特性**：有多種維他命、礦物質、天然小麥胚芽粉、鈣粉及初乳的營養補充品，以特殊技術調配而成，最適合孩童口味。不含蔗糖、葡萄糖，甜味來自山梨醇成分，長期食用不會造成蛀牙。含豐富的維他命E、C、B群、礦物質、蛋白質、胺基酸、乳酸菌，能調整體質、調節生理機能，促進身體對維生素的吸收利用。

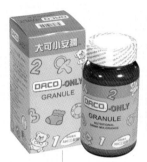

■**適用對象**：
4個月以上嬰幼兒

■**建議用量**：可加入牛奶、開水、果汁，每次加1～2匙大可小安孺顆粒，調勻後即可飲用

■**包裝規格**：150g／瓶

■**公司**：大田有限公司

■**國外原廠**：BIOMED INSTITUTE COMPANY

■**注意事項**：
開瓶後請放入冰箱冷藏。

類別	■綜合維生素
型態	■粉末

維生素成分	A	B1	B2	B6	B12	生物素	葉酸	菸鹼酸	泛酸	C	D	E	K	β-胡蘿蔔素	膽鹼	肌醇	PABA
	0.32 mg	0.34 mg	0.4 mg	1 mcg		60 mg	2.5 mg		18 mg	2.5 IU	1.5 IU			1000 IU	✓	✓	
	硼	鈣	鉻	鈷	銅	氟	碘	鐵	鎂	錳	鉬	磷	鉀	硒	鈉	硫	鋅
分		✓															✓

其他 小麥胚芽粉、羊乳粉、初乳、嗜酸乳桿菌（A菌）、比菲德氏菌（B菌）、酪乳酸桿菌（C菌）。

美加男食品

售價／1350元(90錠)
2400元(180錠)

■**商品特性**：強化照護男性及活力能量的天然配方，是適合現代男性的均衡綜合維他命。

■**適用對象**：一般成年男性

■**建議用量**：每日1顆

■**包裝規格**：90錠／瓶、180錠／瓶

■**公司**：健安喜．松雪企業股份有限公司

■**國外原廠**：GNC

■**注意事項**：
白天飯後食用較佳。

類別	■綜合維生素
型態	■錠劑

維生素成分	A	B1	B2	B6	B12	生物素	葉酸	菸鹼酸	泛酸	C	D	E	K	β-胡蘿蔔素	膽鹼	肌醇	PABA
	✓	✓	✓	✓	✓	✓	✓	✓	✓	✓	✓	✓	✓	✓	✓	✓	✓
	硼	鈣	鉻	鈷	銅	氟	碘	鐵	鎂	錳	鉬	磷	鉀	硒	鈉	硫	鋅
分		✓	✓	✓	✓	✓	✓	✓	✓	✓	✓	✓	✓	✓			✓

其他 天然抗氧化配方、蕃茄紅素

備註：劑量保密

優卓美佳食品錠

售價／1350元(90錠)
2400元(180錠)

■ **商品特性**：強化女性易缺乏的營養素，是適合女性的均衡綜合維他命。

■ **適用對象**：一般成年女性
■ **建議用量**：每日1顆
■ **包裝規格**：90錠／瓶、180錠／瓶
■ **公司**：健安喜。松雪企業股份有限公司
■ **國外原廠**：GNC

■ **注意事項**：
白天飯後食用較佳。

類別	■綜合維生素
型態	■錠劑

維生成素	A	B1	B2	B6	B12	生物素	葉酸	菸鹼酸	泛酸	C	D	E	K	β-胡蘿蔔素	膽鹼	肌醇	PABA
	✓	✓	✓	✓	✓	✓	✓	✓	✓	✓	✓	✓		✓	✓		

成分	硼	鈣	鉻	鈷	銅	氟	碘	鐵	鎂	錳	鉬	磷	鉀	硒	鈉	硫	鋅
	✓	✓	✓	✓	✓	✓	✓		✓	✓	✓	✓	✓	✓		✓	✓

其他　天然抗氧化配方、番茄紅素

備註：劑量保密

金優卓美佳食品錠

售價／1800元

■ **商品特性**：本品專為銀髮族設計之綜合維生素，除含有維生素、礦物質外，更含有各種消化酵素及天然植物，完美的配方，讓你健康活力十足。

■ **適用對象**：銀髮族
■ **建議用量**：每日1顆
■ **包裝規格**：90錠／瓶
■ **公司**：健安喜。松雪企業股份有限公司
■ **國外原廠**：GNC

■ **注意事項**：
白天飯後食用較佳。

類別	■綜合維生素
型態	■錠劑

維生成素	A	B1	B2	B6	B12	生物素	葉酸	菸鹼酸	泛酸	C	D	E	K	β-胡蘿蔔素	膽鹼	肌醇	PABA
	✓	✓	✓	✓	✓	✓	✓	✓	✓	✓	✓	✓	✓	✓	✓		✓

成分	硼	鈣	鉻	鈷	銅	氟	碘	鐵	鎂	錳	鉬	磷	鉀	硒	鈉	硫	鋅
	✓	✓	✓	✓	✓	✓	✓		✓	✓	✓	✓	✓	✓	✓	✓	✓

其他　天然抗氧化配方、番茄紅素、綠茶、綜合消化酵素

備註：劑量保密

悠康 純化維他軟膠囊　　售價／680元

- **商品特性**：本產品以營養生理學之平衡調養概念，融合人體每日必需之12種維生素、8種礦物質及微量元素，適合用於減少疲勞，產前產後及病後之補養，也是現代人營養補給、增強體力，維護元氣及健康維持的好選擇。

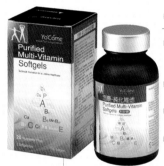

- **適用對象**：一般人
- **建議用量**：每次1粒，每日2次，於餐後以溫水吞食
- **包裝規格**：100粒／瓶
- **公司**：永信藥品工業股份有限公司
- **國外原廠**：美國Carlsbad Technology Inc.U.S.A.
- **注意事項**：請確實遵循每日建議量食用，不需多食。

類別	■綜合維生素
型態	■軟膠囊

維生素成分	A	B1	B2	B6	B12	生物素	葉酸	菸鹼酸	泛酸	C	D	E	K	β胡蘿蔔素	膽鹼	肌醇	PABA
	1.281mg	1.7mg	2mg	2.3mg	2.3mg	0.12mg	0.08mg	2.1mg	17.5mg	69mg	0.8mg	15mg					

	硼	鈣	鉻	鈷	銅	氟	碘	鐵	鎂	錳	鉬	磷	鉀	硒	鈉	硫	鋅
		12.6mg	✓		✓			✓	✓	✓		✓					✓
其他																	

加仕沛 美麗佳人MV錠　　售價／450元

- **商品特性**：綜合維生素是提供每日工作能量的重要角色。哪一個不足都會造成營養失衡，一次均衡且適量的攝取綜合維生素，不但可提供每日活力的基礎，更不會導致身體的負擔。

- **適用對象**：一般人、推薦給想補充維生素及飲食不正常的您
- **建議用量**：每次1錠，每日3次
- **包裝規格**：120錠／瓶
- **公司**：永信藥品工業股份有限公司
- **國外原廠**：美國Carlsbad Technology Inc.U.S.A.
- **注意事項**：請確實遵循每日建議量食用，不需多食。

類別	■綜合維生素
型態	■糖衣錠

維生素成分	A	B1	B2	B6	B12	生物素	葉酸	菸鹼酸	泛酸	C	D	E	K	β胡蘿蔔素	膽鹼	肌醇	PABA
	0.25mg	1mg	1mg	3mg	2mg			5mg	5mg	30mg	3mg	10mg			50mg	50mg	

	硼	鈣	鉻	鈷	銅	氟	碘	鐵	鎂	錳	鉬	磷	鉀	硒	鈉	硫	鋅
分																	
其他																	

杏輝沛多仕女綜合維他命軟膠囊　售價／680元

- **商品特性**：21種綜合維生素，礦物質，特別強化鐵、B6、B12、葉酸等造血維他命，把女性每個月流失的補回來。

- **適用對象**：青少女及成年女性
- **建議用量**：1日1～2顆
- **包裝規格**：60粒／瓶
- **公司**：
  杏輝藥品工業股份有限公司
- **國外原廠**：
  加拿大CanCap G.M.P藥廠

- **注意事項**：
  飯後食用，請依照瓶身服用量食用，不可過量。

類別　■綜合維生素
型態　■軟膠囊

維生素成分	A	B1	B2	B6	B12	生物素	葉酸	菸鹼酸	泛酸	C	D	E	K	β-胡蘿蔔素	膽鹼	肌醇	PABA
	2500 IU	1 mg	1.1 mg	10 mg	40 mcg	50 mcg	225 mcg	13 mg	10 mg	100 mg	100 IU	50 IU	10 mcg				
	硼	鈣	鉻	鈷	銅	氟	碘	鐵	鎂	錳	鉬	磷	鉀	硒	鈉	硫	鋅
			✓		✓		✓	✓	✓				✓				✓

其他　啤酒酵母

杏輝沛多綜合維他命軟膠囊　售價／680元

- **商品特性**：27種綜合維生素，礦物質，特別強化水溶性維生素B群，適合汗流量大，水溶性維生素需求大的台灣海島型氣候。

- **適用對象**：一般人
- **建議用量**：1日1顆
- **包裝規格**：60粒／瓶
- **公司**：
  杏輝藥品工業股份有限公司
- **國外原廠**：
  加拿大CanCap G.M.P藥廠

- **注意事項**：
  飯後食用，請依照瓶身服用量食用，不可過量。

類別　■綜合維生素
型態　■軟膠囊

維生素成分	A	B1	B2	B6	B12	生物素	葉酸	菸鹼酸	泛酸	C	D	E	K	β-胡蘿蔔素	膽鹼	肌醇	PABA
	5000 IU	10 mg	10 mg	20 mg	4 mcg	300 mcg	200 mcg	30 mg	20 mg	100 mg	200 IU	50 IU	100 mcg	20 mcg	20 mcg		
	硼	鈣	鉻	鈷	銅	氟	碘	鐵	鎂	錳	鉬	磷	鉀	硒	鈉	硫	鋅
	✓	✓	✓	✓	✓		✓	✓	✓	✓	✓	✓	✓	✓	✓	✓	✓

其他　啤酒酵母、氫

優倍多女性綜合維他命群軟膠囊 售價／549元

■ **商品 特性**：強化造血維他命（鐵、B6、B12、葉酸）之綜合維生素，把女性每個月流失的補回來。

- ■ **適用 對象**：青少女及成年女性
- ■ **建議 用量**：1日1顆
- ■ **包裝 規格**：60粒／瓶
- ■ **公司**：杏輝藥品工業股份有限公司
- ■ **國外 原廠**：加拿大CanCap G.M.P藥廠

■ **注意 事項**：
飯後食用，請依照瓶身服用量食用，不可過量。

類別	■綜合維生素
型態	■軟膠囊

	A	B1	B2	B6	B12	生物素	葉酸	菸鹼酸	泛酸	C	D	E	K	β-胡蘿蔔素	膽鹼	肌醇	PABA
維生素	4200 IU	1.3 mg	1.5 mg	20 mg	50 mcg	225 mcg	17 mg	10 mg	100 mg	200 IU	50 IU	10 mg					

	硼	鈣	鉻	鈷	銅	氟	碘	鐵	鎂	錳	鉬	磷	鉀	硒	鈉	硫	鋅
成分							✓	✓	✓	✓				✓			✓

其他：啤酒酵母 1mg

優倍多男性綜合維命軟膠囊 售價／549元

■ **商品 特性**：鋅強化配方,增強男人精力。

- ■ **適用 對象**：青少年及成年男性
- ■ **建議 用量**：1日1顆
- ■ **包裝 規格**：60粒／瓶
- ■ **公司**：杏輝藥品工業股份有限公司
- ■ **國外 原廠**：加拿大CanCap G.M.P藥廠

■ **注意 事項**：
飯後食用，請依照瓶身服用量食用，不可過量。

類別	■綜合維生素
型態	■軟膠囊

	A	B1	B2	B6	B12	生物素	葉酸	菸鹼酸	泛酸	C	D	E	K	β-胡蘿蔔素	膽鹼	肌醇	PABA
維生素	2500 IU	2 mg	2 mg	2 mg	6 mcg	150 mcg	200 mcg	22 mg	10 mg	100 mg	150 IU	50 IU	50 mcg		✓	✓	

	硼	鈣	鉻	鈷	銅	氟	碘	鐵	鎂	錳	鉬	磷	鉀	硒	鈉	硫	鋅
成分							✓	✓	✓	✓				✓			✓

其他：啤酒酵母 25mg

優倍多銀髮綜合維他命軟膠囊 售價／549元

■**商品特性**：26種綜合維生素、礦物質，特別強化抗老化營養素-硒，及多種可維持血管及神經系統健的維他命，幫助銀髮族延緩各部老化問題。

■**適用對象**：銀髮族
■**建議用量**：1日1～2顆
■**包裝規格**：100粒／瓶
■**公司**：
　杏輝藥品工業股份有限公司

■**注意事項**：
　飯後食用，請依照瓶身服用量食用，不可過量。

類別	■綜合維生素
型態	■軟膠囊

維生成素成分	A	B1	B2	B6	B12	生物素	葉酸	菸鹼酸	泛酸	C	D	E	K	β-胡蘿蔔素	膽鹼	肌醇	PABA
	6000 IU	2 mg	2 mg	4 mg	30 mcg	40 mcg	250 mcg	25 mg	15 mg	50 mg	400 IU	45 IU	10 mcg				

	硼	鈣	鉻	鈷	銅	氟	碘	鐵	鎂	錳	鉬	磷	鉀	硒	鈉	硫	鋅
		✓	✓	✓	✓		✓	✓	✓	✓	✓						✓

其他：氯72.6mg、啤酒酵母25mg

你滋美得 綜合維他命＋草本 售價／880元

■**商品特性**：含完整維生素及礦物質，更添加多種珍貴草本植物，可幫助消化、滋補強身、促進新陳代謝。

■**適用對象**：12歲以上、外食、熬夜者、工作忙碌者、病後補養
■**建議用量**：
　【保健】每日1錠
　【改善】每日2錠(分次飯後食用)
■**包裝規格**：90錠／瓶
■**公司**：景華生技股份有限公司
■**國外原廠**：NutraMed, Inc.

■**注意事項**：
　1.置於陰涼、乾燥處保存。
　2.請關緊瓶蓋，避免孩童自行取用。

類別	■綜合維生素
型態	■錠劑

維生成素成分	A	B1	B2	B6	B12	生物素	葉酸	菸鹼酸	泛酸	C	D	E	K	β-胡蘿蔔素	膽鹼	肌醇	PABA
	5000 IU	10 mg	10 mg	10 mg	2 mcg	100 mcg	200 mcg	10 mg		60 mg	200 IU	50 IU	37.5 mcg				

	硼	鈣	鉻	鈷	銅	氟	碘	鐵	鎂	錳	鉬	磷	鉀	硒	鈉	硫	鋅
		✓	✓		✓		✓	✓	✓	✓		✓	✓	✓			✓

其他：螺旋藻粉末、木瓜汁粉末、山楂果粉末

你滋美得 女性專用維他命 售價／880元

■ **商品特性**：以完整維他命配方，並添加構成血紅素的鐵、維生素C、當歸、花粉、硒、鉻及海藻，能幫助減少疲勞感，給您青春永駐好氣色。

■ **適用對象**：欲增強體力者、懷孕、哺乳婦女、青春期少女、偏食、素食者、少食牛肉、肝臟等含鐵量高的食物者
■ **建議用量**：
【保健】每日1錠
【改善】每日2錠(分次飯後食用)
■ **包裝規格**：90錠／瓶
■ **公司**：景華生技股份有限公司
■ **國外原廠**：NutraMed, Inc.

■ **注意事項**：
1.置於陰涼、乾燥處保存。
2.請關緊瓶蓋，避免孩童自行取用。

類別	■綜合維生素
型態	■錠劑

維生素成分	A	B1	B2	B6	B12	生物素	葉酸	菸鹼酸	泛酸	C	D	E	K	β胡蘿蔔素	膽鹼	肌醇	PABA
	5000 IU	15 mg	15 mg	15 mg	1 mcg	80 mcg	200 mcg	15 mg		60 mg	200 IU	50 IU	37.5 mcg				
	硼	鈣	鉻	鈷	銅	氟	碘	鐵	鎂	錳	鉬	磷	鉀	硒	鈉	硫	鋅
		✓	✓		✓		✓	✓	✓	✓			✓				✓
其他	葉酸、當歸、花粉																

你滋美得 男性專用維他命 售價／880元

■ **商品特性**：鋅是人體不可或缺的礦物質，添加鋅的"你滋美得"男性專用維他命，能增強體力，滋補強身，是男性活力的泉源。

■ **適用對象**：一般男女性、注重健康維持者、欲增強體力之男性
■ **建議用量**：
【保健】每日1錠
【改善】每日2錠(分次飯後食用)
■ **包裝規格**：90錠／瓶
■ **公司**：景華生技股份有限公司
■ **國外原廠**：NutraMed, Inc.S

■ **注意事項**：
1.置於陰涼、乾燥處保存。
2.請關緊瓶蓋，避免孩童自行取用。

類別	■綜合維生素
型態	■膜衣錠

維生素成分	A	B1	B2	B6	B12	生物素	葉酸	菸鹼酸	泛酸	C	D	E	K	β胡蘿蔔素	膽鹼	肌醇	PABA
	5000 IU	15 mg	15 mg	15 mg	1 mcg	150 mcg	200 mcg	15 mg		60 mg	150 IU	50 IU	37.5 mcg				
	硼	鈣	鉻	鈷	銅	氟	碘	鐵	鎂	錳	鉬	磷	鉀	硒	鈉	硫	鋅
		✓	✓		✓		✓	✓	✓	✓			✓				✓
其他	西伯利亞人蔘																

作者●張瑛芳●蘇婉萍●林天龍
定價●NT 250

專業營養師親自執筆，
觀念最正確！

利用簡短的文字、豐富的圖表，本套書系將告訴您：

1.怎樣獲得維生素最安全有效

作者●林世忠●蘇婉萍●林天龍
定價●NT 250

作者●陳濟圓●蘇婉萍●林天龍
定價●NT 250

2.如何在家DIY美味簡易的維生素鈣食譜

作者●侯金杏●蘇婉萍●王登山
定價●NT 250

3.如何選購市售維生素補給品

作者●吳文瑛●蘇婉萍●王登山
定價●NT 250

4.提供常見市售維生素補充品產品
相關資料

葉子

106-□□
台北市新生南路三段88號5樓之6

揚智文化事業股份有限公司　　收

□□□-□□

地址：　　　市縣　　鄉鎮市區　　路街　段　巷　弄　號　樓

姓名：

Leaves
Publishing

書號 L5405　　　書名 抗老維生素E

葉子出版股份有限公司

讀·者·回·函

感謝您購買本公司出版的書籍。

為了更接近讀者的想法，出版您想閱讀的書籍，在此需要勞駕您詳細為我們填寫回函，您的一份心力，將使我們更加努力！！

1.姓名：_____

2.性別：□男 □女

3.生日／年齡：西元_____ 年_____月 _____ 日___歲

4.教育程度：□高中職以下 □專科及大學 □碩士 □博士以上

5.職業別：□學生□服務業□軍警□公教□資訊□傳播□金融□貿易
　　　　　□製造生產□家管□其他_____

6.購書方式／地點名稱：□書店_____□量販店_____□網路_____□郵購_____
　　　　　　　　　　　□書展_____□其他____

7.如何得知此出版訊息：□媒體_____□書訊_____□書店_____□其他_____

8.購買原因：□喜歡作者□對書籍內容感興趣□生活或工作需要□其他

9.書籍編排：□專業水準□賞心悅目□設計普通□有待加強

10.書籍封面：□非常出色□平凡普通□毫不起眼

11. E‐mail：_____

12喜歡哪一類型的書籍：_____

13.月收入：□兩萬到三萬□三到四萬□四到五萬□五萬以上□十萬以上

14.您認為本書定價：□過高□適當□便宜

15.希望本公司出版哪方面的書籍：_____

16.本公司企劃的書籍分類裡，有哪些書系是您感到興趣的？

□忘憂草（身心靈）□愛麗絲（流行時尚）□紫薇（愛情）□三色堇（財經）

□ 銀杏（健康）□風信子（旅遊文學）□向日葵（青少年）

17.您的寶貴意見：

_____

☆填寫完畢後，可直接寄回（免貼郵票）。

　我們將不定期寄發新書資訊，並優先通知您
　其他優惠活動，再次感謝您！！

Leaves Publishing

根
以讀者爲其根本

莖
用生活來做支撐

葉
引發思考或功用

果
獲取效益或趣味